大是文化 The Illusion of Choice

自由選擇的錯覺

你以為自己選的，其實廠商已預判「你會選這個」。
理解行銷學引用的 16.5 種心理偏見，你得到真正自由。

暢銷書《我就知道你會買》作者
Google、Meta、巴克萊銀行行銷顧問
理查．尚頓 Richard Shotton——著
廖桓偉——譯

目錄

各界讚譽

「在讀過這本書之前，任何人都不該接近觸控螢幕或鍵盤。對於大多數現代行銷單調乏味的直接交易本質來說，本書是一劑解藥。」

——羅里・薩特蘭（Rory Sutherland）
《人性煉金術》（*Alchemy*）作者、奧美廣告副董事長

「本書將提升你的工作表現。如果你想搞懂行為科學是什麼、該如何應用，不必再找別本書——理查・尚頓（Richard Shotton）已經幫你把所有苦工都做完了。記得在身旁擺一本，因為你會一再參考。」

——約拿・博格（Jonah Berger）
賓州大學華頓商學院行銷教授、國際暢銷書《瘋潮行銷》（*Contagious*）作者

「人們的行為令人意外，而這通常受認知偏誤所驅使。《自由選擇的錯覺》是一本既簡單又實用的指南，讓你認識並應用這些偏誤，這是所有行銷從業人員必讀的書。」

——馬修・席德（Matthew Syed）
奧運選手、《失敗的力量》（*Black Box Thinking*）作者

「有些書的訴求是要讓人印象深刻，所以會用複雜的術語來寫。但本書的訴求是有用、驚奇和務實，所以由白話文寫成。其他書籍放在書架上、或在 Zoom 會議時擺在後頭會很美觀，但你真的用得到這本書。」

——戴夫・特洛特（Dave Trott）
創意總監、Campaign 專欄作家、多所廣告代理商創辦人

「尚頓對世界和消費者的態度，雖然極度不同，卻又科學到不可思議。行銷通常更像魔法、而非科學，但他告訴我們哪裡可以找到科學，以及該怎麼應用它們，

來改善事業中的所有要素。他的第一本書《我就知道你會買！》（*The Choice Factory*），是我最喜歡的書之一，而這本書也寫得很好。如果你真的想了解你的顧客，這本書肯定是必要的。」

——詹姆士．瓦特（James Watt）
英國最大手工釀酒廠 BrewDog 創辦人

「本書用好讀的方式解釋了鮮為人知的研究，提供見解給顧客和事業，讓他們知道產品能如何說服人們。」

——尼爾．艾歐（Nir Eyal）
《鉤癮效應》（*Hooked*）作者

「尚頓寫了一本機智、愉快又極度務實的書，探討潛意識的偏誤與動機，如何引導事業中的日常決策。本書以聰明的『日常生活』手法來陳述，並分享學術實驗和真實故事，吸引讀者獲得真正的洞察和理解。我會毫不遲疑的推薦本書給每個想理解人類行為，並將其應用於事業決策的人。無論是國際事業的執行長或行銷長、白手起家的新創公司，或是正在擴大規模的領導團隊，本書都很實用。」

——艾蜜莉亞．托羅德（Amelia Torode）
前TBWA策略長、廣告公司Fawnbrake Collective創辦人

「這是一本將行為經濟學應用於行銷上的簡短指南，既有趣又實用。小小的錦囊中裝滿了妙計！」

——萊斯．比奈（Les Binet）
傳播公司adam&eveDDB效能組長

「讀這本書讓我學到很多東西，也非常享受這個過程。書中內容既扎實又有說服力，同時非常務實，是一本強而有力的指南，讓大家認識複雜世界之中，形塑行為的心理動態。」

——娜塔莉．納海（Nathalie Nahai）

《影響力網路》（*Webs of Influence*）作者

「人們常說，無論任何作品，第二集總是比不上第一集，但本書沒有這種問題。尚頓又寫了一本傑作。」

——菲爾・巴登（Phil Barden）

《行銷前必修的購物心理學》（*Decoded*）作者

「本書既有啟發性又務實。尚頓善用了最優異的行為科學，示範改善事業的驚人方法。」

——賽斯・史蒂芬斯－大衛德維茲（Seth Stephens-Davidowitz）

《紐約時報》（*The New York Times*）暢銷書《數據、謊言與真相》

（*Everybody Lies*）作者

推薦序

怎麼點燃購買欲？讓你買下手的品牌行銷

知名企業講師／黃永猛

多年來，在全國各地講授品牌規畫與管理時，我都強調自己對品牌有三大堅持：一，品牌要有生命，必須永遠活在消費者心中，跨國品牌如可口可樂（Coca-Cola）、蘋果（Apple）、耐吉（Nike）等，都希望能活千年萬年；二，品牌是科學的，需要數據來支撐；三，品牌要有使命，達成企業所交付的任務。

其中，第二項訴求與本書不謀而合。書中用諸多活生生的行為科學實證方式，加上與對照組的數據分析，提出各種個案調查數據。

現今，視覺化時代全面來臨。據調查顯示，七〇％的消費者喜歡透過視覺溝通，只剩下三〇%偏好文字。就像是人跟人見面時，會先看到對方的臉，才聽到聲音；逛百貨公司時，五光十色的色彩映入眼簾，選購商品時，第一眼就會看到LOGO與包裝設計。

我在課堂上分享創意發想時，也著重於視覺強度，視覺越強，越能留下深刻印象，激發消費者的購買欲望。就像書中提出的現象之一——「感官移情」（sensation transference），將人造奶油的顏色從灰白色改成黃色，就讓業績一飛沖天，這就是藉由視覺改變消費者心意的成功案例。

除此之外，作者也提出「眼睛效應」（watching eyes effect）。研究人員在大學餐廳貼海報，海報上印了一雙眼睛和一句標語：「用餐後請將托盤放回架子上。」與將眼睛換成花卉的宣導海報相比，眼睛讓亂丟垃圾的機率低了五〇%。

而且，無論海報是否有放宣導口號，只要有眼睛，都會產生這種效果，代表那對眼睛才是影響行為的關鍵。

當然，消費者的習慣很難改，因此作者在書中也提到：「假如你想中斷一個習慣，要瞄準新週期的開始。」在設計行銷活動時，生日、結婚、就職日或新年新希望，都是改變消費習慣、發動促銷攻擊的最佳時機。

我誠摯推薦這本書的三大理由，分別是：

一、實用性：同樣是廣告人出身，作者做過可口可樂的策劃，我則做過百事食品，對於本書作者提出十六．五個觸及消費者內心深處的行銷觀點與實務案例，都心領神會。這些實用又有效的案例，能讓讀者輕易運用在生活與工作中。

二、邏輯性：本書作者以行為科學為基礎融合心理學，除了對於銷售和行銷手法提出眾多學者專家的市場調查論述外，更以嚴謹周延的相關性事實、證據、數據，來強化全書的邏輯性、科學性與權威性。

三、趣味性：作者以生活中的日常習慣切入，提出非常有趣的個案分析。閱讀本書時，非常容易融入精彩描述的情境中。

除了上面提到的案例之外，書中還提及「峰終定律」、「價碼、數據，不要取整數」、「暈輪效應」等篇章，都值得細讀！

前言

你的選擇，背後都是行為科學

你有想過人造奶油為什麼是黃色的嗎？你可能會假設，這只是製造流程中的一個因素。但人造奶油剛發明出來的時候，其實是灰白色的——有些人甚至會說它是灰色的。

人造奶油後來才變成現在大家熟悉的顏色，而且這都要歸功於路易斯・切斯金（Louis Cheskin）——一位烏克蘭心理學家，一九四〇年代受到 Good Luck 人造奶油公司僱用，負責提高低迷的銷售量。

為了理解消費者為何只買天然奶油而不買人造奶油，他做了一個實驗。他邀請當地的家庭主婦參加一系列午餐講座。大家先吃一頓自助餐之後，才開始聽講座，不過菜色沒什麼新奇的，就只是切成三角形的白麵包，以及幾塊冷凍奶油。講座結束後，切斯金親切的跟出席者聊天。

「講座精不精彩？」

「時間會不會拖太久？」

「演講者穿得好看嗎？」

「哦，還有最後一個問題……你覺得食物好吃嗎？」

切斯金重複這個實驗六次，在人造奶油跟天然奶油之間互換。實驗結果符合大家對於這兩種奶油的普遍意見：用餐者對於人造奶油的負面評價遠多過天然奶油。但是，這個故事突然出現轉折。

在實驗當中，他把人造奶油染成黃色，貼上天然奶油的標籤；又把天然奶油染成白色，然後貼上人造奶油的標籤。那天受試者嫌人造奶油太油膩，但他們吃到的其實是天然奶油。

切斯金這招偷天換日，就是要證明一件事：**人造奶油好不好吃，取決於我們的期望。這項實驗的所有要素（顏色、氣味、甚至包裝）都構成了我們的期望，然後才是味覺**。切斯金稱這個現象為「感官移情」。

切斯金用他的理論來建議 Good Luck 的行銷團隊。他最重要的建議，就是把人造奶油的顏色從灰白色改成黃色，這樣消費者就會聯想到天然奶油，也就願意買單。

利用這個戰術的不只有 Good Luck 而已。其他品牌也迅速模仿染黃的做法，結果產品銷量一飛沖天。一九五〇年代，人造奶油的人氣勝過天然奶油——這個領先態勢維持了五十年以上。

Good Luck 的方法曾經是常態。品牌會定期僱用心理學家，以理解該怎麼增加自己的銷售量。光是切斯金就跟食品品牌貝蒂妙廚（Betty Crocker）、香菸品牌萬寶路（Marlboro）、Gerber[1]、麥當勞（McDonald's）等合作過。

1 編按：美國第二大多功能工具銷售商。

潛意識的挑戰

然而，心理學對於品牌經營的重要性並沒有持續下去。一九五七年，美國記者萬斯・帕卡德（Vance Packard）寫了一本叫《隱性說服者》（*The Hidden Persuaders*）的書，銷量超過一百萬本，造成轟動。

帕卡德在本書中揭發了一系列「潛意識廣告」（subliminal advertising）的真相，來源是一位名叫詹姆斯・維卡里（James Vicary）的顧問。「潛意識廣告」是維卡里自創的名詞，用來形容廠商在廣告之中加入了隱性訊息。

他聲稱，這些訊息每三千分之一秒就會閃現一次——快到連意識都跟不上。維卡里宣稱他用這招在電影院辦了一項活動，結果，爆米花和可樂的銷售量都增加將近七〇％。

在冷戰緊張情勢進入高峰之際，這種「操作隱性訊息」的故事，聽起來有點太接近歐威爾式（Orwellian）[2]的精神控制。因此，媒體煽動民眾瘋狂譴責這種廣告，於是遭到美國政府禁止。風波過後，民眾把心理技巧的商業運用想成不好的東西，導致心理學在行銷界退流行。

結果後來真相大白：維卡里的潛意識廣告故事是編出來的，而且他從來沒做過任何測試。但這時已經太遲了，大家依舊不接受心理技巧，而且這種抗拒心態持續了五十年以上。

然而，事情有了變化。應用行為科學與心理學所帶來的利益太大了，所以它們捲土重來也只是時間的問題。你為什麼應該要對這個領域有興趣？以下提供三個有說服力的理由——三個「R」。

第一，相關性（relevance）。行為科學和心理學對於銷售和行銷的相關性，遠勝過其他主題。不妨想想任何事業都要面臨的關鍵挑戰：鼓勵消費者改買自己的品牌、多付點錢，或是多買一些品項。這些全都是與行為變化有關的挑戰。

做生意就是在改變消費者的行為——「有效行為變化」的實驗已經有一百三十

2 編按：源自作家喬治．歐威爾（George Orwell），指現代專制政權藉由嚴厲執行政治宣傳、故意提供虛假資料等方式控制社會。

年的歷史，何不從中學習？這就是行為科學的重點所在。

從切斯金的研究中，你就可看出這個主題有多麼切題。他不是在研究抽象的學術概念。他的見解：「期望會影響味覺」是能夠實際應用的。這表示Good Luck人造奶油把重點放在「改變產品顏色」，而不是「直接改變味道」。

第二，穩健性（robustness）。有些市場理論的基礎很粗略，通常都是基於直覺。如果要做重量級的決策，它們可不是理想的基礎。

但行為科學就不同了。沒有任何事情是權威人士說了算；**所有事情都是經過實驗證明的**。行為科學的基礎，是世界知名科學家的同儕審查研究。這些穩固的基礎，意味著你可以真心信賴他們的發現。

不妨再度回想「感官移情」。關於「外觀對於味覺的影響」，切斯金並沒有仰賴邏輯上的主張，反而設計了一個對照實驗，分析什麼東西才會真正影響味道評分，而不是聽人們怎麼說。

跟這項研究同樣有意思的是，行為科學的穩健性從一九四〇年代就已經改善了。比方說，切斯金的研究沒有經過同儕審查，但如今大多數研究都有。關於期望如何影響味覺，有幾篇研究是肯定經過同儕審查的。

例如在二〇〇六年，麥庫姆斯商學院（McCombs School of Business）教授拉傑．拉古納森（Raj Raghunathan），調查了「自覺健康」（perceived healthiness）對於味覺的影響。

拉古納森邀請一群用餐者試吃印度的食物和飲料。他告訴其中一半的客人說，拉西（一種優格飲品）是有益健康的食物，卻告訴另一半的客人說它有害健康。後來客人替美味程度評分時，以為拉西有害健康的人，評分比其他人高出五五％（普遍認為美味食物多半不健康）。

第三，範圍（range）。行為科學扎根於社會心理學——這個學術主題可回溯到一八九〇年代。自從那時開始，心理學家已經發現了數千種人類行為的隱性驅動力。這種多樣化意味著，無論你想達成什麼訴求，都應該有能派上用場的偏誤。

相關性、穩健性、範圍，是你應該將行為科學應用於事業的三大理由。然而，「知道自己應該應用行為科學」和「實際應用行為科學」是兩回事。

偏誤有這麼多種，你很難知道該從哪裡下手。而本書的目標就是在對付這個門檻。與其匆匆帶過一大堆令人困惑的偏誤，我已經挑選了最切題的十六．五個概念，不但能輕鬆應用，也能夠對行銷產生重大影響。

為了讓這些概念盡可能好懂，我們會以一個人的日常角度，來觀察他必須做的選擇。每章開頭都會有簡短的概要來詳述這個決策，接下來則會探討行為科學在這個思考流程背後的發現。

針對前述每個發現，我們都會先探討現存的學術發現或我的研究，接著會進入重頭戲，講述你該如何將這些發現應用在自身的商業優勢上。

聽起來很有趣嗎？好，我們開始吧。

第 1 章

他們就是知道你會買

被鬧鈴的刺耳聲音吵醒後，你慢慢起床，舉步維艱的走去淋浴。

現在你已經很清醒，穿好衣服然後走向廚房。

迅速喝了一杯咖啡、吃了一片吐司，就準備好要出門了。最後，你對著伴侶說了聲「再見！」，便出門去搭公車。

請大家思考一下，自己每天早晨都是怎麼度過。

在你出門之前，就必須做出一連串的決策：該穿什麼？該吃什麼？該走哪條路線去上班？講都講不完。

不只是早上而已。生活的每個時刻都充滿了選擇，有些瑣碎、有些深刻，但我們很難周延的權衡它們。假如我們這樣做，日子也就不用過了。

普林斯頓大學心理學家蘇珊・菲斯克（Susan Fiske）說，我們都是「認知吝嗇者」（cognitive misers）。**思考需要耗費精力，所以人們只會在必要時思考。**

暢銷書《快思慢想》（*Thinking, Fast and Slow*）作者丹尼爾・康納曼（Daniel Kahneman）講得更戲劇化：「思考之於人類就像游泳之於貓。我們會做，但如果能不做最好。」

為了限制大腦因為做決策而必須思考的次數（像是該買什麼），人們通常仰賴習慣——也就是說，我們只是**重複上次面對類似情況時的做法**。

不賣產品，賣習慣

南加州大學的心理學家溫蒂．伍德（Wendy Wood），曾做過一個量化了「習慣」重要性的實驗。二〇〇二年，她募集兩百零九位參與者，他們在日常生活每小時都會受到鬧鈴提醒一次，然後寫下他們在做什麼、在哪裡、在想什麼。

假如有人在同樣的地點採取同樣的行動，卻在想別的事情，伍德就會將這些行為歸納為習慣。根據她的準則，習慣占了行為的四三％。

既然習慣占了行為很大的比例，行銷人員就必須理解「**該怎麼成功創造習慣**」的最新思維。

B・J・福格（B. J. Fogg）、尼爾・艾歐（Nir Eyal）、伍德等心理學家，全都創造了自己專屬的模型來描述習慣的形成。然而，假如我們結合這些模型的發現，便能看出六個跟事業相關的重點。

讓我們依序探討它們。

一、改變習慣，從週一開始

打破既有的習慣很困難。關於這個論點最難忘的一句話，或許出自維多利亞時代作家塞謬爾・斯邁爾斯（Samuel Smiles）。他在一八五九年的暢銷書[1]《自助》（*Self-Help*）中寫道：「連根拔除一個老習慣，有時比想像中痛苦，而且遠比拔牙還困難。」

這句話警告我們，**不假思索就試著中斷顧客的既有習慣，只會做白工而已**。最好挑一個習慣比較脆弱的時機。

幸運的是，心理學家已經發現了幾個可預測的時機。我在《我就知道你會買！》（*The Choice Factory*）中介紹了其中幾個機會（像是年齡尾數為「九」的人、發生人生大事時，以及隨著時間而僵化的習慣）。但我漏了一個最關鍵的時機：全新的開始。

「人們在新週期剛開始時，最有可能採取新行為。」（無論是星期一、月初、新學期開始或生日之後），這個概念最初由賓州大學華頓商學院教授凱瑟琳·米爾克曼（Katherine Milkman）開始研究。

她主張人們對於維持一致性有強烈的欲望，但每當人們進入新的時期，我們與「以前的自己」的關係就會弱化，此時人們較容易改變自己的行為。

二〇一四年，米爾克曼和戴恆晨（Hengchen Dai）、傑森·里斯（Jason Riis）一起做了一項研究。此研究檢視了三個行為：

一、節食（以相關名詞搜尋次數為基準）。

二、使用健身房（以大學健身房使用次數為基準）。

1 作者按：「暢銷書」是一個模糊的用詞，大家常常拿來隨便講，但斯邁爾斯的著作真的值得如此讚賞。本書出版五十年後，已經賣出二十五萬本，銷量僅次於《聖經》（*Bible*）。

三、對於追求新目標的投入程度（基準資料來自 stickK 網站，大家會在這裡公開發誓要改變自己的行為）[2]。

在這三組資料中，心理學家們都發現：新行為更可能在新週期開始時發生。比方說，一個人**在月初上健身房的機率比平常增加一五%；週一時增加三三%；新學期開始後增加四七%。**

這個行銷意涵很明顯。**假如你想中斷一個習慣，你所傳遞的訊息就要瞄準新週期的開始。**

其中一個實務上的例子，來自西米德蘭茲郡（West Midlands）的警察。他們找更生人寫信給犯下許多罪行的人，請他們參加警察主辦的矯正計畫，藉此幫助他們洗心革面。

有些信件寄出的時機剛好與罪犯的生日同一天，代表了嶄新的開始；其他訊息則是隨便挑個時間寄的。在兩千零七十七封信的大規模測試中，「嶄新開始組」的回覆率為四・一%，對照組的回覆率為二・九%。即使罪犯難以洗心革面，嶄新的開始仍然帶來了效果。

米爾克曼的建議還有一種靈活的應用方式，就是將平凡的時刻表達成嶄新的開始。在一份二〇一五年的研究中，米爾克曼和戴恆晨徵集了一百六十五名學生，這些人心中都有想認真追求的目標。

研究人員邀請他們註冊一種電子郵件提示功能，以幫助他們達成目標。在某些情況下，心理學家會強調提示功能挑選的日子——三月二十日是嶄新的開始，他們把這一天說成「春季的第一天」。而在其他情況下，同樣這一天則被描述得比較中立，例如「三月的第三個星期四」。

當研究人員特別強調嶄新的開始時，學生顯然更可能註冊。在這樣的背景下，註冊的學生有二六％；相較之下，在日子被描述得比較中立的情況下，註冊的學生只有七％。

利用這種「嶄新開始」的效果，使得學生的接受率變成了三倍。這份研究的含

2 編按：在網站上列出明確目標及希望達成的期限，並付給 stickK 一筆自訂的金額；如果成功就可以取回，失敗則被沒收。

意在於，那些想要改變別人行為的人，他們的訊息不該只瞄準新的時期，也該**將那些看似平凡的時刻，表達成嶄新的開始。**

二、吃完早餐和睡前刷牙——你得創造暗示

打斷了別人既有的習慣後，**下一個任務就是讓他養成新的習慣**。其中一個最穩固的發現就是，假如你想要鼓勵別人改變行為，光是增加動機是不夠的。「欲望增加」經常沒有轉換成「行為變化」。事實上，因為這種情況太常發生，心理學家甚至用一個名詞來形容這種現象：「意向和行動之間的差距」（the intention to action gap）。

這個概念的意思是：「人們想做的事跟實際做的事，通常都有差異。」因此，假如你想建立習慣，你必須將動機結合暗示：時機、地點或心情都會觸發行為。

巴斯大學的心理學家莎拉．米爾恩（Sarah Milne），向我們說明了「暗示」的重要性。二〇〇二年，她邀請了兩百四十八位參與者，然後隨機分成三組。第一組的成員必須記錄自己做了多少運動。兩週後，米爾恩與他們見面，只有三五％的人

每週至少運動二十分鐘。

第二組也必須記錄自己做了多少運動，但除此之外，他們還讀了有激勵作用的傳單，上頭介紹了運動的好處。兩週後他們再度與米爾恩見面。即使傳單增強他們運動的意向，卻幾乎沒有改變其行為。只有三八％的人每週至少運動一次。又出現了意向和行動之間的差距！

第三組的測試和第二組類似，但除此之外，米爾恩還會請受試者說出他們什麼時候運動、在哪裡運動、跟誰一起運動……米爾恩將這種做法稱為「執行意向」（implementation intention）——其實就是一種觸發機制，提醒他們要運動。

這一組的動機強度跟第二組一樣，但他們的行為不同了：九一％的人每週至少運動一次——代表觸發機制讓模糊的欲望得以凝聚起來！

假如你想改變習慣性的購買行為，就不要只專注於動機，這樣不夠，你必須創造暗示來**觸發這種行為**。

假如你想要實務上的例子來證明暗示的力量，不妨想想Pepsodent。Pepsodent廣告的創作者克勞德·霍普金斯（Claude Hopkins），在二十世紀初試圖改善美國口腔衛生時，他並沒有含糊的建議大家每天刷牙兩次。他的廣告建議大家**在吃完早餐和睡覺之前刷牙**。這可說是過去一百年來最成功的公共衛生運動，而上述暗示就是其核心所在。

時至今日，暗示的價值依然很明顯。近期有個例子，來自二〇一九年全英房屋抵押貸款協會（Nationwide）發起的儲蓄運動。全英房屋抵押貸款協會與廣告代理商VCCP合作，以解決一項社會問題：英國有一千一百萬人的存款低於一百英鎊（約新臺幣四千元）。他們不只專注於改變人們的儲蓄動機，也創造了一個暗示。

他們決定使用的暗示就是「發薪日」。廣告上的口號是「發薪日＝儲蓄日」，而且還搭配了幾句話，像是「你在領薪水的時候會比較容易存錢」。月底大多數人領薪水時，他們就會主打這支廣告。

他們忠於自己的目標：改變所有人的儲蓄習慣，而不僅限於改變他們的顧客。因此，有些海報會貼在競爭者分行的外頭，上面寫道：「讓發薪日成為你的儲蓄日，即使你的儲蓄帳戶是這些傢伙開的。」

這項運動成功喚起了民眾的意識——根據追蹤數據，同意「每個月存一點錢很重要」這句話的人，增加了八％。這項運動也改變了民眾行為，全英房屋抵押貸款協會該年年終的淨儲蓄餘額，是預測值的五倍。

三、刷完牙後用牙線——堆疊新習慣

全英房屋抵押貸款協會的例子，點出了另一個實用的戰術。**與其憑空創造暗示，還不如將暗示依附於你想要鼓勵的行為**。這招又被稱作「習慣堆疊」（habit stacking）。

二〇一三年，倫敦帝國學院的蓋比・猶大（Gaby Judah）主導一項關於習慣堆疊的研究，共有五十位參與者。半數參與者必須在刷牙前用牙線，剩下的參與者則必須在刷牙後使用。順序是很重要的，**如果既有事件先於想要觸發的行為，就能夠當作更好的暗示。**

研究結果證實，刷牙前用牙線那一組，有二十三・七天會記得用牙線；而另一組則有二十五・二天會記得使用，比第一組多了六・三％。

那麼，你該用哪一種暗示？並非所有暗示的價值都相同，其實，**越顯眼的越好。**

這個論點的證據來自米爾克曼的另一個實驗，這次她跟哈佛大學的陶德・羅傑斯（Todd Rogers）合作。他們在一家咖啡館外面找了五百個人，發給每個人一張傳單，傳單附有一美元折價券，可於下星期四消費時使用。

他們告訴其中某些人：「你星期四結帳時，記得用這張折價券。」這組是對照組。然後他們給另一群人同樣的結帳暗示，但這群人收到的傳單上面，還印了一隻綠色的外星人寶寶，以及一行字：「提醒你，星期四你會在收銀機旁邊看到這隻外星人。」這是實驗組。

到了下星期四，收銀機旁邊擺了一隻外星人寶寶，每個人都看得見。他的作用是提醒大家使用折價券，但只有實驗組被明確告知要注意外星人。

受到指示要注意外星人寶寶的人當中，有二四％使用了折價券，相較之下，對照組只有一七％使用了折價券。

由此可知，如果你想改變別人的行為，最好讓你的暗示盡可能顯眼一點。

四、從小事開始，人們比較願意嘗試

下一個步驟是回應，也就是你想鼓勵的行為。**鼓勵一個習慣的最佳方法，就是讓它盡可能簡單。**

有一種方法可以讓行為變簡單，那就是**把行為盡可能的劃分成最小的步驟**。二〇二〇年，米爾克曼與她的博士生艾尼許．萊（Aneesh Rai）做了一項研究，主題是「劃分完成目標的過程」。

他們與慈善機構合作，請新招募到的人在第一年撥出特定的時數做志工。他們請某些人在第一年至少要做兩百小時的志工，同時請另一群人每週至少做四小時的志工。雖然兩組要求的時數加總起來是一樣的，但是有劃分時數那組，最後做志工的總時數多了八％。

這項發現並非單一個案。加州大學的施洛莫．貝納茲（Shlomo Benartzi）主導一項研究，發現請大家「每天存五美元」會比「每月存一百五十美元」有效。**如果一項承諾看起來是小事，就比較不會令人卻步，大家也比較願意嘗試。**

「劃分」並不是使人更容易養成習慣的唯一方法。避孕藥以更間接的方式來應用這個「簡單原則」。女性只要在二十八天週期的頭二十一天服用避孕藥，藥效就能發揮。然而，許多避孕藥的盒子裡都裝了二十一顆避孕藥，再加上七顆糖果。藥廠知道人們假如每天做一樣的事情、而不是一直停下來又重新開始，就比較能夠養成規律。

五、利用「不確定報酬之力」

下一個步驟就是創造報酬。如果想讓人們的行為變成習慣，就必須給他們報酬——無論是心理、生理或金錢上的報酬。創造習慣的六個步驟中，這個步驟是最粗淺的。但其實有個沒什麼人利用的領域，行銷人員可以將其有效應用於自己的活動上，就是「不確定報酬之力」。

不確定報酬之力的證據，要回溯到B．F．史金納（B. F. Skinner）的研究成果。根據《一般心理學評論》（*Review of General Psychology*）的說法，他是二十世紀最具影響力的心理學家。一九三〇年，他發明了「史金納箱」（Skinner box）；這個裝置其實很簡單，就是一個木箱，裡頭有一根槓桿，只要按下去就會撒出食物顆粒。

史金納用這個盒子監控鴿子到老鼠等各種動物。起初，這些動物沒有查覺箱子裡的槓桿，但牠們遲早都會撞到它，然後驚喜的吃到美食。這段「撞到槓桿然後得到報酬」的流程反覆發生幾次後，動物就理解了槓桿的功能。此後，牠們一進入箱子就會直接去找槓桿，並開始反覆按它。

史金納利用這些報酬，訓練動物完成越來越精密的事情。這個技術能夠發揮到什麼程度？有個令人印象深刻的例子：史金納的學生教會一隻兔子，撿起一美元再將其存進存錢筒，以換取獎賞。

史金納的生涯都奉獻於理解哪一種激勵因素最能夠塑造行為[3]。他發現一件事：**不確定的報酬比確定的報酬更具影響力**。動物如果只是「有時候」獲得食物報酬，牠們的相關行為會比「一直」獲得食物時，更容易形成習慣。

3 作者按：史金納的研究並沒有都像史金納箱這麼成功。他還有一個有點古怪的「鴿子計畫」：在第二次世界大戰期間，試圖訓練鴿子投擲飛彈。幸好電子導引系統變得可靠之後，這項計畫就廢棄了，要不然我們都會有危險。

這個發現很驚人，我們現在知道它也可以應用於人類，不只是老鼠或鴿子。關於這個論點的證據，來自芝加哥大學心理學家沈璐希（Luxi Shen）於二〇一四年主導的一項實驗。她找來了八十七位參與者，並給他們一項挑戰，保證一部分參與者，只要完成就能贏得兩美元報酬（確定的情境），但其他參與者只有五〇%的機率能贏得兩美元，剩下五〇%的機率則是贏得一美元（不確定的情境）。她發現報酬無法預測時，會有七〇%的參與者完成挑戰，但在確定的情境下卻只有四三%。

不確定報酬的期望值比較低，但即使如此，它的激勵效果還是比較好。不確定性的刺激感，追加了金錢之外的價值。若想強化忠誠度計畫，不確定的報酬就是最佳解方！

所以，假如你想要塑造顧客的行為，請善用不確定性。如果你有忠誠度計畫，請別在顧客每次來店時都提供同樣的激勵因素，增加一點隨機性更有效！

Pret 餐廳就是用這招來提高咖啡銷量。它跟其他競爭者不一樣，不會要求顧客蒐集一大堆印章來換咖啡，反而**授權給店員，讓他們偶爾請客人喝杯免費的咖啡**。

他們的戰術帶來的反應，遠比標準的交易方式還要正面。以下是記者哈利・瓦洛普（Harry Wallop）在《泰晤士報》（*The Times*）的評論，形容了收到 Pret 的免費咖啡會是什麼感覺：

這大概是全英國最強大的消費者忠誠度計畫吧？身為消費者，你的感覺就像中了樂透一樣。我回到辦公室的時候，彷彿凱旋歸來的英雄，同事都為我的無比好運喝采。天啊，我愛 Pret。

不過一山還有一山高，有一家連鎖餐廳 Dishoom，以孟買的伊朗咖啡館（Irani café）為主題。吃完飯之後，客人可以投擲一顆名叫「Matka」的銅製骰子。假如擲出「六」，這一餐就免費。數學上來說，這等於有一六・七％的機會折價，但情緒面的感受可說是天差地遠。

六、記住三個最重要的戰術：重複、重複、重複

創造習慣的最後一個要素，就是必須重複。習慣不是一夕養成的。行為要變成習慣，就必須重複。

根據某個經常被引用的數據，養成習慣需要花費二十一天的時間——但是，幾乎沒什麼有意義的證據能證實此數據。

更可信的資料來自倫敦大學學院的菲利帕．拉利（Phillippa Lally）。二〇〇九年，她募集了八十二位參與者，請他們開始養成一個新習慣。這些行為都很簡單，像是午餐配一杯水，或刷牙之後做個伏地挺身等。

平均來說，**這些人需要六十六天才能「不假思索的完成這些行為」**，而這也是拉利對於習慣的定義。但是這個平均數字卻掩蓋了極大的差異——想養成一個習慣，**九五％的人需要十八至兩百五十四天的時間**。

所以，想重塑別人的行為，別只靠短期的活動，你需要更持久的介入方式。如果你想要讓一個習慣深植人心，請記得行為科學所認定的六個關鍵原則：

- 集中你的心力，在新時期開始之際打破既有的習慣。
- 別只靠動機來改變受眾的行為。動機是必要條件，但不是充分條件。它必須結合暗示或觸發機制。
- 與其努力創造全新的暗示，善用既有的行為通常會比較好。
- 盡可能讓你想鼓勵的行為簡單一點。
- 善用「不確定報酬之力」。

最後，請記住創造習慣需要一系列的持續介入。

這些原則全都很重要，但「簡單」這個重點可應用的地方，遠遠不止習慣而已。我們將於下一章詳細討論「讓行為變簡單」的重要性。

第 2 章

變簡單——幫顧客放掉手煞車

太好了，剛到站的公車上沒有很多人，有座位可以坐——應該說，至少有「半個」座位。你旁邊的乘客似乎占去了大半的位置。

為了讓自己分心，你看了一些待辦事項。夏季假期的旅館還沒訂，你很擔心最好的旅館會客滿，所以開始在比較網站上搜尋民宿。

一開始你還滿樂在其中，因為你想像著這趟旅行會有多麼好玩。但可以更動的選項太多了，究竟該怎麼做，才能從看似沒有盡頭的列表中挑出最好的選項？

這實在太難了。為什麼他們就不能弄得簡單一點？你因為白費力氣而感到沮喪，最後放棄搜尋，還對著坐你旁邊的人生悶氣。

《臥底經濟學家》（*Undercover Economist*）作者提姆．哈福特（Tim Hatford）用一個簡單的比喻來形容行為變化：要不踩油門，要不就放掉手煞車。換言之，**你要激發對方的動力，或是替對方排除阻力。**

行銷就像踩油門，痴迷於改變對方的動機，認為這件事最重要。但它真的最重要嗎？

德國心理學家庫爾特・勒溫（Kurt Lewin，丹尼爾・康納曼把他尊稱為自己的「智識教父」）提供的證據反駁了這個想法。

勒溫是一九三〇年代柏林大學的教授，他發展出一套概念，叫做「力場分析」（force field analysis）。這項理論將行為形容成兩組力量的均衡：幫助與妨礙。

勒溫的見解是，人們痴迷於「幫助」的力量，但這是錯誤的，**「妨礙」的力量才是優先考量**。回到哈福特的車子比喻，比起踩油門，**行銷人員更應該多思考怎麼放掉手煞車**。這種優先度的變化會形成實際影響。

根據康納曼的說法：

> 消除阻力是一種截然不同的活動類型，因為它不是在問：「我該怎麼讓他做這件事？」而是問：「他為什麼還沒做這件事？」兩個問題差很多。
>
> 先問「為什麼不做？」再系統性的依序分析各種因素，然後問道：「我可以做什麼事情，會讓大家更容易採取行動？」大致上來說，讓事情更簡單的方法，幾乎都著重於控制個人的環境。

有許多現代的實驗性證據，展現了排除障礙的重要性。

在一份二〇一七年的研究中，哥倫比亞大學的彼得・伯格曼（Peter Bergman）及哈佛大學的羅傑斯監控了阻力對於一項新教育服務（向家長提供小孩的學習建議）註冊率的影響。

兩位心理學家將家長隨機分配到三種註冊方式之一。每一組家長都會收到一段簡訊，告訴他們這項服務的好處，但每一組的註冊方式都不同：

一、標準：家長可以造訪某網站並填寫一個簡短的表格。

二、簡化：家長只要按下「開始」就算註冊成功。

三、自動註冊：系統直接幫家長註冊，但他們可以按下「停止」來退出服務。

而實驗結果是，註冊率取決於家長需要花費的力氣：標準組為一%，簡化組為八%，自動註冊組為九七%。

正如勒溫的主張，**只要有一點點阻力**（即使是重要的事情，如孩子的教育），

就會對我們的行為產生不成比例的影響。

但這只是實驗的前半部而已。接下來，兩位心理學家召集了一百三十位老師，告訴他們這項實驗的設計，並請他們預測每個情境的註冊率。

老師們知道註冊阻力會降低註冊率，但他們嚴重低估了降低的程度。根據他們的預測，標準組註冊率為三九％，簡化組為四八％，自動註冊組為六六％。他們以為註冊率的差距是二七％，但實際上其實高達九六％。

我們來看看這種效應如何應用於現實世界。

一、消除阻力：奧美人的桌邊香檳按鈕

不只教師容易低估阻力的重要性，這個現象其實很普遍，行銷人員跟其他職業也深受其害。這是很嚴重的問題，假使我們低估阻力的影響，就不會意識到簡化顧客消費流程有多重要，並投入足夠的時間和金錢去改善此方面。

我們必須投入更多心力，排除任何一丁點阻力，像是**先填好表格、移除不必要的步驟，或是鼓勵三心二意的消費者成為訂閱者。**

這些行動都會造成很大的影響。仔細想想，網飛（Netflix）自動播放下一集影集，或亞馬遜（Amazon）指示買家一鍵訂購……**任何替顧客省力的做法，都有大到驚人的效果。**

你可能會以為，你的產品購買流程已經盡可能簡化了。但這個問題值得你重新思考，因為有時候就連最簡單的購買流程都有隱藏的阻力。

想像一下，你在時髦的餐廳點了一瓶香檳，還有什麼事情比這個更簡單？你只要舉起手，服務生就會走過來替你點。

聽起來夠簡單了，但是更仔細觀察的話，你就會發現其中隱藏的阻礙。例如你在跟朋友聊天，想要點酒就必須打斷對話。或者你很倒楣，服務生剛好在看別的方向，讓揮手的你看起來就像個蠢蛋。

這些都是小小的不便，但根據康納曼的見解，它們會降低銷售量。

倫敦蘇荷區華麗餐廳「Bob Bob Ricard」的經驗就展現出這個事實。這間餐廳是由前奧美（Ogilvy）廣告人列昂尼德．舒托夫（Leonid Shutov）創立的，它每張餐桌下面都加了一顆「按一下點香檳」的按鈕，藉此排除點香檳時的阻力。他們消除了最小的阻礙，受到抑制的需求也因此大量爆發，結果這間餐廳的香檳銷量遠勝過英國任何一家餐廳。

即使你認為自己已經盡可能簡化流程，也還是要記住香檳按鈕的案例。或許你也能想出類似的創意方法，排除你事業中的阻力。

二、讓第一步盡可能簡單，真正的要求放在第二步

除了更仔細觀察細微的阻力，還有一些更加反直覺的行為科學技巧可以應用。我們先從「得寸進尺法」（foot-in-the-door technique）開

▲「按一下點香檳」的按鈕，排除了顧客點香檳的阻力。

始講起。

一九六六年，史丹佛大學心理學家喬納森．弗里德曼（Jonathan Freedman）和史考特．弗雷瑟（Scott Fraser）造訪了加州帕羅奧圖（Palo Alto）市的屋主，跟他們稍微聊一下道路安全。接著兩位心理學家問參與者，他們是否願意在門前的院子豎立一個「小心駕駛」的標誌，標誌不但很大，而且兩位心理學家還說「它的字寫得很醜」。毫不意外，只有一七％的對象答應這個要求。

接著兩位心理學家接觸了第二組屋主，同樣稍微聊一下道路安全，但這次他們的要求比較小：希望屋主可以在窗戶上貼個小貼紙來呼籲道路安全。結果，幾乎所有人都答應了。

兩週後，他們再度拜訪第二組屋主，並問他們是否願意豎立大標誌。而在有貼貼紙的人當中，有七六％答應。

弗里德曼和弗雷瑟主張，**兩步驟的方法是有效的，因為它利用了人們的一個強烈欲望：想與過去的行為一致。**

以下是兩位心理學家的說法：

一個人對於「參與」或「採取行動」的感受，是可能改變的。一旦他答應一個要求，他的態度就可能改變。在他自己眼中，他可能會變成「做這種事」的人——答應陌生人的要求，為自己相信的事情採取行動，而且有正當理由。

如果你想鼓勵受眾大幅改變行為，那就先請他們做出小改變。這種改變可能小到不費吹灰之力，卻足以**影響目標受眾的自我認同。**等他們做出次要的改變後，就可以緊接著提出你真正的要求。

三、減少你提供的選擇

還有另一個略為驚人的方法，可以更輕易的改變別人的行為，那就是減少給顧客的選擇。證據顯示，提供太多選項，可能會使決策流程陷入停頓。**選項過多，可能會使消費者乾脆不買**，或只買自己原本想買、最便宜的商品。

心理學家把這個現象稱為「選擇癱瘓」（choice paralysis），來自哥倫比亞大學的希納・伊恩加（Sheena Iyengar）及史丹佛大學的馬克・萊珀（Mark Lepper）的研究成果。二〇〇〇年，他們在加州門洛帕克（Menlo Park）市一家名叫 Draeger's 的高級超市擺了一個試吃攤，請經過攤位的客人試吃幾種果醬，再給客人折價券以鼓勵購買。

在某些場合，攤位上的果醬只有六種口味，其他場合則有二十四種。經過口味較多的攤位的兩百四十二位客人之中，有六〇%（一百四十五人）停下來多試幾種。相較之下，口味較少的攤位只有四〇%（兩百六十人中有一百零四人）的客人停下來。

然而，大多數行銷人員關心的不是停留率，而是實際購買率。關於這點就完全是另一回事了。在果醬口味有二十四種的情況下，只有四個人購買（占所有路人的一・七%）；相較之下，在只有**六種口味的情況下，竟有三十一人購買（一二%），整整多了七倍**。

兩位心理學家主張這個實驗展現出一件事：「雖然大家似乎希望有更多選擇，但有時候，這反而會對人類的動機造成有害的後果。」

言外之意似乎很明顯——你應該減少提供給顧客的選擇。但在你急著減少選項之前，不妨參考一下接下來這個研究，它會讓你知道實際情況其實更加微妙。

二〇一五年，西北大學心理學家亞歷山大．切爾涅夫（Alexander Chernev）做了一個統合分析，他發現選擇癱瘓只會在某些背景下發生。他分析了五十三個實驗之後，確認在這四種情境下，人們會偏好較少的選擇：

- 他們的偏好不明確時。
- 他們對選項不熟悉時。
- 沒有特別好的選項時。
- 選項難以評估時（或許是因為賣方沒有好好呈現）。

他的研究顯示，只要上述這些因素的任何一項適用於你的商品類別，那麼選擇癱瘓的風險就會變高。如果都沒有，你的顧客就比較能接受大量選項。

四、不要招惹受眾的世界觀

到目前為止，我們已經討論了讓行為更容易改變的直接方法。這些方法都**把重點放在移除實體障礙上。**

但也有間接的方法，我們可以看看一個在美國家喻戶曉的生活運動（在英國鮮為人知）。這項運動的發起者是德州交通部，目的是減少亂丟垃圾的比率。

一九八〇年代，德州人正在奮力應付長期存在的路邊垃圾問題。德州每年都要花兩千萬美元，收拾散落於路邊、堆積如山的垃圾。每年州政府都會播放廣告，請亂丟垃圾的人「保持德州的清潔」，但亂丟垃圾的人每年還是亂丟垃圾。

一九八五年，交通部因為宣導效果不佳，於是僱用了奧斯汀市的廣告代理商GSD&M，這家公司的領導人是創意十足的提姆．麥克盧爾（Tim McClure）。麥克盧爾發現，以前的廣告反映了客戶的世界觀——他開玩笑說，這些客戶就像平均年齡一百零七歲的委員會一樣古板。

但「整理環境人人有責」的訊息，對於亂丟垃圾的人，也就是違規的年輕男性來說，並沒有什麼效果。麥克盧爾把他們講得很難聽：「就像開著皮卡車的南方佬。」

麥克盧爾認為行為變化的障礙存在於心理層面。以前的運動都試著改變目標受眾的世界觀，但這個門檻很高，因為大多數人都不願意改變自己的心意。

因此，GSD&M改動了訊息，以符合目標受眾的觀點。麥克盧爾創造了一句口號：「別惹德州。」（Don't Mess with Texas）他將亂丟垃圾的行為重新定位成「德州之恥」，讓德州居民認為：奧克拉荷馬州的外來者可能會這樣做，但真正的德州人絕對不會容忍這種事。

這大概是史上最成功的垃圾不落地運動，一九八七到一九九〇年間，路邊垃圾減少了七二%。這句口號太受歡迎，已經成為流行文化的一部分；小布希（George W. Bush）在總統當選感言中用了這個口號，連美國的核子潛艇USS Texas上都印了這句座右銘。

我們可以直接移除那些防止行為變化的實體障礙，藉此應用行為偏誤。但**若想獲得最大的利益，我們就要間接應用這些偏誤——也就是移除那些阻止變化的心理障礙。**

五、想減少某個行為，請增加阻力

到目前為止，我們已經討論了「移除障礙能如何鼓勵你想要的行為」。但這種概念也可以反過來應用：假如你想減少某個行為，那就增加阻力。

在自殺防治領域可以看到一個戲劇性的例子。一九九八年九月，英國政府推行法規，讓民眾比較不會過量服用乙醯胺酚[1]。從此以後，客人只能一次買一盒，而且一盒的最大容量也減少了（在藥房買的話，一盒有三十二顆，但在一般商店買的話，只有十六顆）。

就算是自殺這麼嚴肅的事情，如此追加一點阻力也會帶來正面的影響。二〇一三年，牛津大學自殺研究中心主任凱思．霍頓（Keith Hawton）教授做了一項研究，驗證這條法規的影響力。分析英格蘭和威爾斯的死亡率（一九九三年到二〇〇九年，英國國家統計局）後，他估計自這條法規推行後，因服用乙醯胺酚而死亡的人數減少了四三%；也就是說，在那十一年間（一九九八年到二〇〇九年），死亡人數減少了七百六十五人。

「幫受眾把東西變簡單。」這個目標相當具有啟發性，因為它挑戰了人們對於行為的基本假設。我們或許會假設，若要改變別人的行為，就必須把心力放在增加潛在動機上；但這樣做就忽略了更重要的一點：與其增加動機，我們更應該致力於讓人們「更容易改變行為」。

不管是移除障礙、讓別人更容易做出我們想要的行為，或是增加阻力、讓別人更難做出我們不想要的行為，都更可能讓別人做我們鼓勵的事。

然而，雖然這條法則在大多數情況下都適用，但在極少數場合下，有另一個不一樣的戰術效果更好。有時你對於自己想要的行為，反而應該增加阻力，聽起來很令人困惑嗎？別擔心，下一章會將一切都解釋清楚。

1 編按：美國及歐洲最常用的退燒及止痛藥物，也是普拿疼的主要成分。

第 3 章

變困難——IKEA 效應

今天搭公車的時間好像比平常慢了兩倍，但總算到站了。下車走到火車站時，你輕快的腳步被一個募款志工打斷，他正在尋找願意捐款的善心人士。這位熱心的年輕人開口問你：「願不願意每週捐二十英鎊給兒童慈善機構呢？」實在是獅子大開口。如此誇張的金額令你很不爽，於是你拒絕了他。但他不想放棄你這個目標，所以迅速改變了方案。他說：「好吧，那每週捐一英鎊如何？」這聽起來很合理，於是你簽了名，還覺得很開心，因為你讓這個世界稍微變好了一點。

我們在上一章討論了弗里德曼和弗雷瑟的得寸進尺法。他們的實驗顯示，如果讓歷程的第一步盡可能簡單，就會提升行為變化的成功率。但假如你反其道而行會怎麼樣？假如你把歷程的第一步盡可能變困難呢？這聽起來很莽撞，但對於上述例子中這位志工來說，這樣肯定有效。

奧美集團副總監羅里．薩特蘭（Rory Sutherland）主張，有時候反其道而行是有效的。他說：

雖然在物理學上，好主意的反面通常是壞主意，但在心理學上，好主意的反面卻可能是一個非常好的主意；也就是說，兩種相反的方式通常都有用。

薩特蘭是正確的嗎？

先提出大承諾，再接小要求

一九七五年，亞利桑那州立大學的羅伯特．席爾迪尼（Robert Cialdini）實際測試過將得寸進尺法反過來，並將這種方法稱為「以退為進法」（door-in-the-face technique）。

在他的實驗中，席爾迪尼在校園接觸了一些人，問他們是否願意為當地的青少年感化中心做兩小時的義工，結果答應的人不到一七%。

接著，他接觸另一群人，並提出更極端的請求：他們願意在接下來兩年內，每週做兩小時的義工嗎？這個要求太荒謬了，以至於所有人都婉拒。

然而，席爾迪尼並沒有這樣就放過第二群人。他接著提出另一個要求——也就是他之前對第一群人提出的問題：他們願意撥出兩小時幫忙一個下午嗎？這次有五〇％的人答應。

如果你先請人們做出更大的承諾，再提出較小的要求，他們服從的機率就會變成將近三倍。

這種影響力不只對曖昧的承諾有效，實際參加率也增加了。在對照組中，承諾要幫忙的人有五〇％現身。如果善用以退為進法，這個數字就會上升到八五％。

為什麼以退為進法有效？一種解釋是它利用了一種偏誤——互惠性。互惠性由社會學家阿爾文．古德納（Alvin Gouldner）所定義，是存在於所有文化中的法則；簡單來說，意思就是「別人給你好處，你也應該給他們好處」。席爾迪尼在他的暢銷書《影響力》（*Influence*）中，將互惠性列為六個最具影響力的說服原則之一。這個論點也有實驗數據支持。

二〇〇七年，波昂大學的阿明・法爾克（Armin Falk）寄了九千八百四十六封誠摯的信，請他們捐款給一間幫助開發中國家的慈善機構。

有些潛在捐款人只收到一封信，上頭寫了關於慈善機構的資訊。其他人則收到同樣的訊息，但還有一份禮物：一張明信片或四張卡片。法爾克告訴那些收到明信片的人，這些明信片是「達卡[1]的小朋友送的禮物，可以自己留著或送給其他人」。

說到對於信件的回覆，其成效有著明顯的差異。收到禮物的人很顯然更願意捐款。一張明信片讓回覆率上升了一七％，更大份的禮物則上升了七五％。

除了回覆率提高，捐款的金額也增加了。收到小禮物的人，平均捐款金額上升了六十三便士[2]，而收到大禮物（四張卡片）的人則上升了三・六五英鎊。

你可能會問，互惠性和以退為進法是怎麼連結的？

答案是這樣：提出要求的人利用以退為進法，開頭先講大要求，接著才講小要求。在這個兩步驟的過程中，**提出要求的人正在讓步。互惠性意味著對方會感到壓**

1 編按：孟加拉首都。
2 編按：一英鎊為一百便士。

力，想要做出類似的讓步，於是答應了較小的要求。

根據席爾迪尼的說法，互惠性的意思就是：「別人對你讓步的話，你也應該對他們讓步。」

我們來看看該怎麼實際應用這種效果吧。

一、利用兩步驟方法改變別人的行為

以退為進法可以用在許多商業情境。

想像一下，你正在跟別人談判，你一開始可以喊出天價（並預料到對方會斷然拒絕），接著再提出較合理的要求。比起一開始就提出真正的要求，這樣反而更能讓對方接受。

或者，想像一下，你正試著鼓勵某人運動。你的以退為進法，就是先鼓勵運動菜鳥完成一項艱難的挑戰，例如跑馬拉松。當對方拒絕你的建議，你就接著提出更可能達成的事情，像是慢跑五公里。

那麼，得寸進尺法和以退為進法是否互相矛盾？它們怎麼可能在任何情況下都有效？乍看之下很令人困惑，但這種矛盾或許僅存於表面上。

兩種技巧其實都是想達成同一件事。**它們都是兩步驟方法，讓對方能夠盡可能輕鬆跨出「真正的」第一步。**

得寸進尺法會實際創造一個極小的初步行動。以退為進法則是更間接的方法。它從來就沒有打算要對方接受一開始的提議。它的作用就是讓真正的第一步看起來比較小。

得寸進尺法改變了第一步的「實際」大小，但以退為進法改變了「感覺上」的大小。

二、應用IKEA效應

雖然上一章的主題是「變簡單」，但有時候，讓別人更難做出某個行為，反倒更有其價值。

這個論點的證據來自哈佛大學的麥可．諾頓（Michael Norton）、加州大學的丹尼爾．莫瓊（Daniel Mochon）、杜克大學的丹．艾瑞利（Dan Ariely），以及他們二

○一二年的論文：《IKEA效應》（*The IKEA Effect*）。

這份論文的開頭是一件驚人的趣聞。一九五○年代，越來越多美國女性投入勞動市場，所以父母都在工作的家庭也變多了。通用磨坊（General Mills）旗下的品牌貝蒂妙廚認為，這種趨勢會影響他們的家庭烘焙事業，因為忙碌的職場生活，意味著做蛋糕的時間變少了。

貝蒂妙廚想要利用這個趨勢賺錢，於是推出了快速蛋糕粉。現在人們只要購買蛋糕粉、加水、攪拌，再塞進烤箱裡就好。

貝蒂妙廚坐等銷售額進帳。但儘管他們敏銳的利用社會趨勢、創造了簡單好用的產品，銷售額還是令人失望。為什麼會這樣？

起初管理階層絞盡腦汁仍想不出原因，過了一陣子他們才意識到，他們把流程弄得太簡單了。畢竟烘焙不只是快速端出卡路里而已，蛋糕通常是用來表達你對家人或朋友的愛。**如果流程這麼簡單，你真正能傳達的愛又能有多少？**

所以貝蒂妙廚決定讓烘焙流程複雜一點，於是加了一個步驟——必須在蛋糕粉裡加一顆蛋。人們必須**多花一點力氣，反而會覺得自己手藝更好，於是銷售額就起**

飛了。

這個趣聞挺有意思的。但它有反映更廣泛的真相嗎？

學者們決定更進一步探究。他們募集了參與者，然後請其中一半的人組裝一個純黑的ＩＫＥＡ收納盒；而另一半的人什麼事都不用做，只會收到一個預先組好的ＩＫＥＡ收納盒。

接著所有人都要為自己的盒子出價，然並幫那個盒子打分數，滿分為七分。不用組裝盒子的人，平均出價是四十八美分。相較之下，組裝盒子的人則出價七十八美分——比另一組人高了六三％。此外，組裝盒子的人所打的分數，也比沒組裝的人高了五二％。

為了確保這項發現並非單一個案，諾頓、莫瓊和艾瑞利改用紙鶴來實驗，並得到了一致的結果。

這群心理學家們主張：「**假如我們付出一些心力才獲得某些東西，就會更珍惜它們。**」他們稱之為ＩＫＥＡ效應，還真是個貼切的名字。

如果你想提升產品的顧客評價，那麼不妨添加一點阻力。

有許多方法可以辦到這件事。在食品界，食品品牌 Blue Dragon 早已將這個原則運用於他們的咖哩包上。他們將不同成分區分開來，讓烹飪過程更費工夫，結果最終成品廣受好評。

此外，蘋果公司已經將這個原則應用於他們的包裝上。根據美國記者湯姆・范德比爾特（Tom Vanderbilt）的說法，蘋果花了好幾個月的時間，替顧客的開盒過程增加適量的阻力：

> 他們打造了一種盒子，打開的時候帶有完美的阻力和摩擦力，所以當你準備拿出新手機時，會感到一陣令你心癢難耐的停頓……這盒子不只是優雅的容器，也是精心策劃的儀式。開這個盒子的感受，和撕開洋芋片袋子截然不同。

就連酒類也適用這一招。比起扭開螺旋蓋，用力拔起軟木塞會讓我們覺得瓶裡的酒更好喝。如果你覺得這些例子太扯，可以看看以下實驗證據。

二〇一七年，牛津大學的查爾斯・史賓斯（Charles Spence）與王茜（Qian

Wang）募集了一百四十位參與者，請他們試喝兩瓶馬爾貝克葡萄酒。在第一個場合，參與者要打開螺旋瓶蓋，第二個場合則要拔起軟木塞。

即使兩個瓶子裝的是一樣的酒（參與者不知情），他們還是覺得軟木塞那瓶酒的品質比另一瓶高一〇%，而且味道比另一瓶還強烈四%。

接著，這兩位心理學家又做了一個聰明的實驗，準確指出軟木塞那瓶酒的評分比較高，是因為「開瓶要花力氣」，而不是「軟木塞一般會令人聯想到高品質」。

在第二份研究中，他們一樣讓人們試喝兩瓶酒，但這次不必自己開瓶，但受試者會「聽到」有人在幫他們開。有些人聽到軟木塞被拔起來的「啵」聲，其他人則聽到扭瓶蓋的雜音。在這份研究中，兩瓶酒「感覺上」的品質只差八%，而「感覺上」的味道強烈程度只差一%。

現在，你有兩種不同的戰術：變簡單跟變困難。它們對於品牌都可能有正面效果，但其效果在本質上不同。如果你認為行動優先於態度，那麼變簡單就是正確的戰術。但假如你想要提高質感，那最好弄得困難一點。

你必須挑選正確的時機來使用這兩個戰術。

三、讓顧客看到努力——老練的鎖匠拿不到小費

如果你無法接受前述的取捨，在某些情況下，還是有可以兩全其美的方式。這裡我們就必須改用另一種概念，叫做「努力的錯覺」。

在討論實驗證據之前，我們先來看看艾瑞利的一段故事。這位學者在演唱會遇到一位老鎖匠，老鎖匠聊起自己的生涯。鎖匠還是年輕學徒時，一個案子得花上好幾個小時，有時他還必須弄破客戶的門，但每次做完苦工後，都有慷慨的小費作為回報。

過了幾年後，他已經能夠更快、更輕鬆的開鎖。顧客只要稍等片刻就可以進門了。可是，他不但沒有因為自己的專業而獲得回報，顧客付錢時似乎還很不甘願，更別說是給小費了！

鎖匠的故事就展現了「努力的錯覺」。意思是說，**當我們看到事物背後所付出的努力時，就會更珍惜那件事物**。所以，與其為難最終使用者，你應該確保他們知道你為了品牌付出多少努力、遇到多少困難。

此現象並非猜測，有學術證據佐證這個心理偏誤。

二〇〇五年，南加州大學助理教授安德里亞．莫拉萊斯（Andrea Morales）做了一項測試：消費者是否會獎勵「展現出努力模樣」的企業？

在她的研究中，參與者得知一個情境：他們僱用了一位房仲，幫助他們找公寓，而房仲基於他們的喜好列出一份清單，上面有十個推薦的房地產。

參與者聽到的清單製作方法分成兩種。有一半的人聽說房仲花了九個小時手寫這份清單，另一半的人則聽說房仲只花了一小時，而且還用電腦輔助。

得知這個情境之後，參與者替房仲評分，範圍為一到一百分。在房仲比較省力的情況下，他們給房仲五十分，但是在房仲比較努力的情況下，分數就提高到六十八分，大幅上升三六%。

起作用的因素不只是時間和努力而已。透明度也是關鍵：**消費者必須知道你有在忙**。透明度的重要性展現於二〇一一年的一份研究，出自哈佛商學院的研究人員萊恩．布爾（Ryan Buell）和諾頓。他們請兩百六十六位參與者，使用旅遊網站模擬器來安排行程。

參與者等待結果時，有些人會看到一張不斷更新的清單，上面列出已經搜尋過的班機；但有些人只會看到含糊的進度列。事後，他們為這項服務評分：實驗對象對於透明度較高的服務（可以看到搜尋過的班機清單，而不只是簡單的進度列），給的分數高了八％。

你必須讓你的努力被看見。你可以採取直接的方法，就像這個旅遊網站的例子一樣。數位服務要運用此謬誤更為容易。

你也可以藉由公關來做這件事，電器公司戴森（Dyson）就是很好的例子。他們定期宣傳一件事實：為了打造完美吸塵器，戴森測試過五千一百二十七個原型機。

達美樂（Domino）將「勞動的錯覺」善用於APP，展現作業透明度，顧客可以看到製作披薩時的現場直播。另一個例子是西班牙銀行BBVA，它為ATM加了一段動畫，在顧客等現金時顯示已點過的鈔票數。

此外，餐廳也可以善用這種效果，讓客人看到廚房員工辛苦工作的樣子。根據二〇一七年布爾另一個實驗顯示，假如用餐者看到內場正在準備餐點的場景，評分就會比沒看到還高出二二％。

但是要小心，這種偏誤救不了爛產品。

在最後一項實驗中，布爾架設了一個假的線上約會網站，並且在使用者配對時，刻意操縱對象的條件好壞。有時他們會看到適合的對象，有時則會看到不適合的。此外布爾也決定是否要讓使用者看到網站背後的努力：某些使用者會看到他們是怎麼被配對的（透過年齡、身高、居住地、喜好等變數），但其他人則看不見這些資訊。

布爾的發現非常明瞭。當參與者看到適合的配對時，勞動的錯覺會讓他們對這個結果更開心。但是**當參與者看到不適合的配對時，網站秀出自己的努力，反而會讓使用者對這個服務更不爽。**這種效果似乎只會加重人們對於品牌的看法，而不會推翻那些印象。

請確保你將這種偏誤善用於產品設計和行銷上，但更重要的是，請確保你打從一開始就有品質優異的產品。

我們在本章討論了「變困難」的各種好處。然而，還有一種好處我們還沒談到：假如你**在詮釋訊息時添加一點難度，就能夠讓它更難忘。**這對於品牌而言是很實用的戰術，將在下一章詳細介紹。

第 4 章

留一小步讓觀眾自己完成

穿越車站大廳時，一張海報吸引了你的目光。它的標題寫著：「『OB_S_TY』是癌症的主因之一。」這張海報是英國癌症研究基金會（Cancer Research UK）張貼的。這讓你忍不住駐足片刻，想要填滿海報上的空白處。

標題下方有更多細節：「猜猜看，僅次於吸菸的可預防癌症主因是？」

你對自己說：「啊，原來是肥胖症（obesity）。」

英國癌症研究基金會這張海報，應用了行為科學上的戰術，叫做「生成效應」（generation effect）。多倫多大學的諾曼．斯拉梅卡（Norman Slamecka）和彼得．格拉夫（Peter Graf）首次提出這種記憶偏誤。

一九七八年，兩人找了二十四位學生，秀出好幾張單字卡給他們看。其中一半的參與者，收到的卡片上面寫著意思相似的單字，像是「迅速」（rapid）或「快速」（fast）。另一半參與者也看到同樣的單字，但是有一點變化。只有一個單字有完整寫出來，另一個單字則漏了一個字母。順著前面的例子來模擬，就是「rapid」和「fas_」。

等到實驗對象讀完所有卡片之後，研究人員測試了他們的記憶。結果自己拼出單字的那組人，記住單字的機率比只是讀過單字的參與者高出一五%。

這兩位加拿大心理學家的發現很有趣，但你或許會懷疑此實驗的可信度。畢竟這份研究已經是四十五年前的事情，只以一小群學生樣本為基礎。而且他們研究的單字跟商業或行銷無關。

因此，我和李奧貝納廣告公司（Leo Burnett）的麥克・崔哈恩（Mike Treharne）決定一起更新這份研究。二〇二〇年，我們請四百一十五人唸出五個類別（車子、銀行、美妝、超市和電子）的品牌名稱。

有些人看到完整的單字（例如滙豐銀行〔the bank HSBC〕），但其他人就要自己填空、拼出品牌的名字（例如 the bank H_BC）。事後我們請實驗對象說出他們看到的品牌。

我們的結果佐證了一九七八年那份研究的發現。**自己拼單字的人有九二%記得單字，相較之下，沒有自己拼單字的人只有八一%記得**。因此，自己拼單字會讓記憶力提升一四%，或是從相反的角度來看，如果人們只是讀過某個品牌的名字，那他忘掉這個名字的機率就會高出二・五倍。也就是說，為了得出答案而耗費腦力，會讓人更加牢記這段資訊。

接著，我們來看看如何應用這種偏誤。

一、間接應用生成效應，而不只是直接應用

本章開頭提到的英國癌症研究基金會海報，是二〇一九年真實出現過的廣告。這個例子直接應用生成效應，讓格拉夫和斯拉梅卡的實驗化作一則廣告。證據顯示，英國癌症研究基金會運用這個戰術，會提升大家對於該廣告的記憶力。不過，這個戰術或許可以用個一、兩次，但如果反覆應用就太刻意了。

關於行為科學實驗，重點在於我們不能因為表面的細節而分心，而要專注於關鍵的發現。生成效應的核心見解是，**受眾有參與的話（有出一點力）就會增加他們的記憶力。**

若你用更廣義的條件來思考這個見解，它的應用範圍就會變得更廣泛。不妨思考一下大衛・阿伯特（David Abbott）為《經濟學人》（*The Economist*）打造的經典

廣告，它寫著：

「我從來沒讀過《經濟學人》。」——某儲備幹部，四十二歲。

這位創意人員沒有拿掉任何字母，但還是利用了生成效應。這則廣告的主旨很拐彎抹角，讀的時候需要動點腦筋，也因此讓它更難忘。這種間接方法的好處在於，你可以推出一連串的廣告，但拿掉字母的廣告你只能用個幾次而已。

最好的廣告通常都很難忘，因為它們會讓你動點腦筋：如果你弄懂了，就會覺得自己很聰明，並且想要跟朋友聊起這些廣告。**優秀創意人員的技能，就是利用足夠的「停止力」來平衡解謎所需要的腦力，讓人們暫時停下來思考。**

商業界之外，作家們在很早以前就知道，「**留點事情給受眾自己做**」是很重要的。一九五六年，英國兒童文學作家C．S．路易斯（C. S. Lewis）寫信給年輕粉絲瓊．蘭卡斯特（Joan Lancaster），提到以下寫作建議：

想讓讀者知道你對你描述的事物有什麼感受，不要濫用形容詞。與其告訴我們某件事物很可怕，不如好好描述它，讓我們覺得它很可怕；不要說某件東西很令人愉快，而是要讓人們在讀到你的描述時，不由自主說出：「這還真令人愉快！」你瞧，這些字眼（恐怖、美妙、醜陋、精緻）都只是在跟你的讀者說：「我本來是打算要寫清楚、讓你身歷其境的，但我可以請你代勞嗎？」

二、提問能夠增加說服力

有一種方法，可以平衡「輕鬆」與「努力」這兩種相互衝突的需求，那就是在廣告裡提出一個簡單的問題。**讓人動腦想答案，就是在利用生成效應。**

這麼做還有另一個好處：提問能夠增加說服力。證據來自二〇〇四年，堪薩斯大學的羅希尼·阿魯瓦利亞（Rohini Ahluwalia）及俄亥俄州立大學的羅伯特·伯恩克蘭特（Robert Burnkrant）募集了一百三十五位參與者，請他們看一系列的廣告。

所有廣告都傳達同樣的訊息，但有時是透過提問來傳達，有時則是透過陳述來傳達。例如其中一則廣告說：「你知道穿 Avanti 的鞋子可以減少關節炎風險嗎？」

另一則廣告則說：「穿 Avanti 的鞋子可以減少關節炎風險。」

最後，參與者要做一份滿分為九分的問卷，表達他們對於廣告的看法。廣告是好是壞？討不討喜？很讚或是很爛？

看到提問的人對此品牌的評分，比看到陳述的人還高出一四％。為什麼提問這麼有說服力？

心理學家認為提問有效，因為它們讓受眾覺得自己有控制權。作家阿瑟．庫斯勒（Arthur Koestler）說：「藝術家統治臣民的方式，就是讓他們成為共犯。」

華頓商學院教授約拿．博格在《哈佛商業評論》（*Harvard Business Review*）中主張，提問之所以能用於這種概念，是因為它們改變了聽眾的角色：

他們不會反駁，也不會思考他們不同意的理由，反而會整理出問題的答案，以及他們對於這件事的感受或意見，而這個轉變增加了認同度。

它鼓勵人們忠於自己的結論，因為人們不想追隨別人的領導，但他們追隨自己時會非常開心。這個問題的答案並不像其他任何答案；這是他們自己的答案，反映了他們個人的想法、信念和喜好，因此更可能受此答案驅使而採取行動。

這不僅存於理論上，美國有一則最傑出的政治廣告就利用了這種戰術。約翰・甘迺迪（John F. Kennedy）一九六〇年競選總統時，他希望大家注意到理查・尼克森（Richard Nixon）不值得信任的臭名。

他很聰明，避免直接宣稱對手不誠實，因為這樣會刺激到尼克森支持者的抗拒心理（我們在第十二章會更詳細討論抗拒心理。這個概念是說，假如人們覺得自主權受到威脅，他們通常會有重申其自由的反應）。甘迺迪的團隊反而製作了海報，上面印了尼克森的笑臉，然後再疊上一句話：「你會跟這個人買二手車嗎？」

根據傑瑞米・布爾默（Jeremy Bullmore）的說法：

這則廣告刻意邀請受眾參與其中。它有效運用了尼克森有點狡猾的名聲及奸詐的外貌，主動找到並善用受眾的創意。

如果你想避免抗拒心理，那就稍微改動你的廣告。與其直接陳述，何不向受眾提問？

三、利用你的設計，讓人們稍微出點力

最後一種應用方式，將這個原則延伸到文案以外的領域。你可以透過設計，為自己的廣告添加一點阻力。

普林斯頓大學的丹尼爾・奧本海默（Daniel Oppenheimer）做了一個實驗來調查這個概念。二〇一〇年，他研究了不同字型對於記憶力的效果。

他請二十八位參與者學習三種外星人的知識，每種外星人都有七個特徵。然而，這份資訊是由兩份不同的字型寫成的。其中一個版本是清楚易讀的印刷體，另一個版本則是斜體字，有點難讀。

事後，他測試了實驗對象所學到的資訊。讀到難讀字型（阻力較大）的參與者，記憶力遠高於讀到好讀字型的人。好讀字型寫成的文字只有七三％被記住，相較之下，難讀字型寫成的文字有八七％被記住。

難讀字型提供了剛剛好的心理阻力：足以引起大腦的注意力，卻不會太難讀，導致大腦放棄嘗試。這個戰術很容易應用。如果你傳達訊息時的關鍵目標是令人難忘（而不是顯眼或說服對方），那就使用有點難讀的字型。

在本章中，我們討論了生成效應如何強化記憶力。但行為科學已經找到其他可以達成同樣效果的方法。另一個可以考慮的方法，就是利用押韻，讓我們在下一章深入探討。

表 1　好讀和難讀的字型會影響記憶力

好讀的字型（流暢）	難讀的字型（不流暢）
諾格萊蒂人 • 身高兩英尺 • 吃花瓣和花粉 • 褐色眼睛	*潘格里西人* *· 身高十英尺* *· 吃綠色多葉蔬菜* *· 藍色眼睛*

資料來源：改寫自奧本海默的論文。

第 5 章

押韻，就容易記憶

火車內又擠又不舒服，但最後你還是順利抵達車站。一踏上月臺，你就聽到後面有人在打噴嚏，這讓你的身體情不自禁縮了一下，腦中突然想起一則老廣告臺詞：咳嗽和打噴嚏會傳染疾病（coughs and sneezes spread diseases）。

你暗自希望自己沒有被這位沒公德心的乘客傳染，匆匆趕往公司。

「咳嗽和打噴嚏會傳染疾病」的口號，最早出自一九一八年到一九二〇年西班牙流感大流行期間，而英國在一九四二年也用過它。一百多年前的廣告至今仍在影響眾人，實在令人印象深刻。

這句口號會如此有說服力，有一部分是因為它的英文有押韻。拉法葉學院的馬修．麥格隆（Mathew McGlone）與潔西卡．托菲巴赫許（Jessica Tofighbakhsh）在二〇〇〇年做了一份研究，並得出上述結論。

兩位心理學家先彙整一份有押韻，但鮮為人知的諺語清單。接著他們又製作另一個竄改過的版本，意思相同但沒有押韻，例如：「Life is mostly strife」（押韻）和「Life is mostly struggle」（未押韻）、「Caution and measure will win you treasure」（押韻）和「Caution and measure will win you riches」（未押韻）。

接下來，麥格隆和托菲巴赫許給一百位參與者看一份諺語清單——每句諺語都是從押韻版和未押韻版隨機挑選。所以有一半的人會看到「woes unite foes」（押韻），另一半則看到「woes unite enemies」（未押韻）。

實驗對象讀過這份清單後，必須為這些諺語評分，評分標準是「這些諺語描述人類行為時的準確度」。這種評分標準讓兩位心理學家能夠比較兩種版本被人相信的程度。

結果很明顯。未押韻的諺語，平均可信度是五・二六分（滿分九分），但押韻的諺語是六・一七分，高出了一七％。這種差距算很大了，畢竟兩句話是同一個意思，只是說法不同而已。

兩位心理學家表示：「之所以會產生這種效應，是因為押韻讓句子讀起來更通順。」基本上，**資訊越容易消化，就越容易被相信。**

人們會混淆「容易消化的東西」和「真相」[1]。押韻的詞句更容易被人相信，兩位心理學家稱之為押韻即合理效應（rhyme-as-reason effect），或是濟慈啟發法

（Keats heuristic）[2]。

不過，從理論上來看一切都很美好，但實際上該怎麼應用濟慈啟發法？

一、更常使用押韻，增加信任度

這項發現很實用，因為它能讓潛在顧客產生信任感，進而親近品牌。二〇二〇年，市場研究公司益普索莫里（Ipsos MORI）訪問將近兩千位英國人：「廣告業務人員都會說實話嗎？」只有一三％回答「是」，信任度比政治人物、部會首長、甚至房仲還低。

不過，濟慈啟發法提供了解決之道：在廣告中運用押韻之類的修辭手法，增加信任度。

這個建議好像有點太偏離現實。你可能會擔心諺語這個技巧太老掉牙，現在不實用了。然而，麥格隆和托菲巴赫許並不贊同。

他們在論文中舉了一九九四年O・J・辛普森（O. J. Simpson）的審判[3]作為例子，證明押韻在現代仍然能有效說服眾人。本案的關鍵時刻之一，是辯方律師強尼・科克倫（Johnnie Cochrane）說出的這句話：「手套不合，必無罪責。」（if the gloves don't fit, you must acquit.）

假如他很枯燥乏味的說：「假如手套不合手的話，你就必須判他無罪」（if the gloves don't fit, you must find him not guilty），這句辯詞會一樣有效嗎？恐怕不會。

當然，這只是一件趣聞。但也有實驗證實押韻可以改善廣告效果，二〇一三年，奧斯陸大學的佩特拉・菲爾庫科娃（Petra Filkuková）及挪威科技大學的史文・赫羅爾・克倫佩（Sven Hroar Klempe），替EGO服飾店和 BetterLife 減肥餐等品牌創作口號，有些口號有押韻，有些沒有。

兩位心理學家請一百八十三位參與者看這些口號，其中一半看有押韻的，另一

1 作者按：這個概念很早以前就有先例了。尼采（Friedrich Nietzsche）在一八七八年的著作《快樂的科學》（*The Gay Science*）中寫道：「我們之中最睿智的人，仍然會被押韻給愚弄——我們有時更認真思考一個概念，是因為它有韻律格式，它本身就呈現出奇妙的火花與躍動。」

2 編按：約翰・濟慈（John Keats）為英國浪漫主義詩人，此法說明了詩歌結構如何影響人們對單詞的感知。

3 編按：此案被譽為美國史上最受公眾關注的刑事審判，辛普森遭控犯下兩起謀殺，後因檢方證據存有漏洞而獲判無罪。

半看沒押韻的。結果實驗對象替口號評分時，押韻口號的信任度比沒押韻高出二三%，而且有押韻的口號讓他們試用該品牌的意願增加一〇%。

二、善用押韻，改善記憶力

押韻的好處也延伸到信任度以外的領域，它可以提高「被記憶力」。二〇一七年，艾力克斯．湯普森（Alex Thompson）和我做了一項前導研究；我們在某家媒體機構找了三十六位員工，給他們五分鐘讀一張清單，上面有十個句子，但只有一半有押韻。當天稍晚，我們請實驗對象回來，憑記憶盡可能列出這些句子。

實驗結果很明顯：押韻的句子有二九%被人記住，相較之下，沒押韻的只有一四%被人記住。所以單靠押韻，被記住的機率就變成兩倍多。

但這些發現其實不難理解，廣告人員肯定也知道押韻的好處，畢竟，用到這個技巧的口號真的不少（按：臺灣家喻戶曉的押韻廣告詞，請參考表2）。

不過，很多知名的廣告臺詞都已經存在很久了，許多來自幾十年前的廣告；根據此現象，我們可以推測：押韻廣告已經過時了。

表 2　讓人印象深刻的的押韻廣告詞

- 只溶你口，不溶你手。
- 全家就是你家。
- 鑽石恆久遠，一顆永留傳。
- 三餐老是在外，人人叫我老外。
- 萬事皆可達，唯有情無價。
- 電腦嘛會揀塗豆（臺語）。
- WAKAMOTO，ARIGATO（日文）。

這可不只是猜測。艾力克斯・博伊德（Alex Boyd）和我花了一個早上泡在英國新聞集團（News UK）的檔案室裡，努力歸類《泰晤士報》和《太陽報》（*The Sun*）從一九七七年到現在的廣告，結果我們觀察到一個明顯的模式。

過去十年來，有著名押韻詞的廣告數量已經減半。在二〇〇七年，有押韻的印刷廣告占四%，但三十年前占了一〇%。

那麼，為什麼押韻退流行了？為什麼廣告人員會忽視這麼強力的技巧？或許是因為：**押韻不符合行銷人員的動機**。

做廣告的人希望獲得同儕讚賞，這是很自然的事情。但是專業人士贏得一定程度聲望的方式，並不一定能做出有效的廣告。我們的同儕，也就是廣告業的其他專家，通常都比較佩服精密的技巧，因此**像押韻這種簡單的解決之道，就被嘲笑成爛方法**。

《黑天鵝效應》（*The Black Swan*）作者納西姆・尼可拉斯・塔雷伯（Nassim Nicholas Taleb）可能會說，這是因為廣告代理商不那麼受到實際銷量影響。也就是說，一家廣告公司之所以成功，並不只是因為他們的廣告很賺錢，而廣告公司和業主在利益上的差異，就會在廣告設計上造成問題。塔雷伯說道：

> 這種人設計的東西，很容易越來越複雜（最後成為大災難）。
>
> 像這種地位的人做出簡單的東西，對他而言絕對沒好處：如果你的報酬是靠觀感而不是靠成果賺取，你就必須秀出一些更精密的玩意兒。任何曾經在期刊投稿學術論文的人都曉得，你只要寫得複雜一點，受到採納的機率就會變高。

不過，行為科學的其中一個主旨，就是「**簡單的解決之道通常都很有效**」。我希望分享更廣泛的行為科學知識，能夠鼓勵大家回頭採納前人試過並信賴（而且簡單）的戰術。

三、強化品牌名稱的流暢度，降低風險觀感

還記得嗎？麥格隆和托菲巴赫許主張，資訊越好消化就越容易被相信。**人們會把「好消化」跟「真相」搞混**。然而，強化流暢度不只會提高信任度，密西根大學的宋賢真（Hyunjin Song）和諾伯特．史瓦茲（Norbert Schwarz）表示，流暢度也會影響人們對於風險的評估。

二〇〇九年，他們給參與者看了一份虛構的食品添加物清單。有些名稱很難發音，像是「Hnegripitrom」，但其他名稱就比較容易發音，像是「Magnalroxate」。接著，兩位心理學家請實驗對象透過滿分為七分的量表，指出這些添加物的有害程度——一分表示這種藥物非常安全，七分表示它非常有害。

很難發音的添加物，平均分數為四．一二分，相較之下，容易發音的添加物為三．七〇分。所以很難發音的添加物，在大家心目中的有害程度高了一一%。

兩位心理學家主張，大家把「容易發音」跟「低風險」搞混了。廣告人員能夠輕易應用這個見解：**假如想跟顧客保證你的藥品或新產品的風險很低，就必須挑一個容易發音的品牌名稱。**

同理，在某些場合，你可能想強調你的產品有多麼刺激、冒險。此時就要替產品取一個很難發音的名字。其實，兩位心理學家也藉由虛構的遊樂設施來測試這個概念，他們發現，人們認為很難發音的遊樂設施風險比較大，但也感覺比較刺激。

四、訂製你行銷用的字型

宋賢真和史瓦茲的研究，延伸到文字使用以外的領域，也就是視覺上的效果。二〇〇八年，他們研究了「字型選擇」對於資訊處理流暢度及理解上的費力程度的影響。

在實驗中，他們找了二十位參與者，給了以下運動指示：

把下巴縮進胸前，接著將下巴盡可能抬高。重複六～十次。

有些參與者收到的指示是好讀的字型（Arial，字級12），其他參與者則必須讀難讀的字型（Brush，字級12），如下圖。收到好讀字型那組人，認為這個運動要花八．二分鐘，但另一組人估計要花十五．一分鐘。所以難讀的字型，會讓人覺得這個運動要多花一倍的力氣。

兩位心理學家說道：

> 人們把「讀運動指示的難度」誤解為「做運動的難度」……人們對於難易度很敏感，但對這種感受的來源本身並不敏感。結果，他們誤將難易度歸因於他們注意的焦點。

再次強調，這些發現都有很實用的含意。**如果想讓人們覺得一件事很簡單，那就用好讀的字型來寫，但假如你想強調難度，**

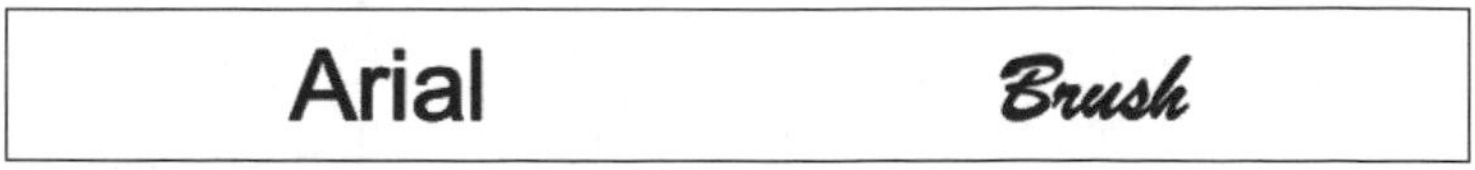

▲字型好讀或難讀，影響消費者眼中該件事情的難易度。

那麼難讀的字型就比較適合。

大家不妨思考以下例子。假如你是快煮餐供應商，那麼 Arial 這種好讀的字型，能幫你說服消費者，讓他們知道你的餐點很好準備。然而，假如是高級餐廳，動機可能就會不一樣。你可能想強調自己準備精緻餐點時花了多少心力。如果是這樣，你就應該使用更難讀的字型。

雖然心理學家直到最近才透過控制條件，證實了押韻的效果，但數千年前的詩人早已憑直覺知道這件事。

事實上，學者和廣告人員可以從古代作家身上學到很多事情。接下來，我們要來看看一個戰術，古希臘詩人荷馬（Homer）跟古羅馬哲學家西塞羅（Cicero）很早以前就在用了：具體語言的力量。

繼續讀下去，你會學到更多。

第 6 章

一人餓死是悲劇，百萬人餓死是數據

一到公司，你就準備去跟潛在客戶開會。進到會議室時已經坐滿了人，你的主管珍（Jane）正在努力上傳簡報檔案。為了填補這段空檔，你對著在場所有人自我介紹，熱情的握手寒暄。

在向最後一位客戶自我介紹時，對方提醒你：「我們之前見過面。」而且還見過兩次。於是你連忙道歉。

忘記某人的長相這種事很常發生，你並不孤單。人們接收的資訊，大部分都很快就被忘掉了。

事實上，「人的記憶並不可靠」或許是心理學上最早的發現，其研究可追溯到一八八五年，德國心理學家赫爾曼．艾賓浩斯（Hermann Ebbinghaus）的成果。他首創遺忘曲線（forgetting curve）這個名詞，形容人們忘記資訊的速率。

它遵循一個可預測的模式：人們在學到新事實之後沒多久，就會忘掉大部分的事情。經過的時間越多，忘掉的事情也越多，但忘掉的速度會變慢。

即使遺忘曲線已經是一百多年前的理論，但至今仍然有用。阿姆斯特丹大學的教授雅普・穆雷（Jaap Murre）在二〇一五年重新做了艾賓浩斯的實驗，也得到類似結果。

但艾賓浩斯不只描述了我們有多麼健忘，他也想出方法克服此問題。最值得注意的是，他發現只要定期重讀資料，就能降低忘掉資訊的速率。不過，「重複」雖然很有效，對於行銷人員來說卻是代價昂貴的戰術。幸好，行為科學還有其他成本較低的方法可以幫助記憶。

不過，在討論這項研究之前，我們先來做個小作業。我會列出一份清單，全是兩個單字組成的片語。請先慢慢讀過一遍：

- 正方形的門（square door）。
- 不可能的數量（impossible amount）。
- 生鏽的引擎（rusty engine）。
- 更好的藉口（better excuse）。
- 燃燒的森林（flaming forest）。

- 明顯的事實（apparent fact）。
- 肌肉發達的男士（muscular gentleman）。
- 共同的命運（common fate）。
- 白色的馬（white horse）。
- 微小的錯誤（subtle fault）。

現在，請試著寫出剛剛看過的片語。不用急，我等你……。

你還記得哪些詞？我猜，你大概**最容易想起具體的片語，也就是描述實際存在的東西**，像是「正方形的門」和「肌肉發達的男士」。相反的，抽象的片語，像是「共同的命運」或「更好的藉口」，很可能被你忘記了。

如果真是這樣，那代表你也符合西安大略大學心理學家伊恩·貝格（Ian Begg）的研究結果。一九七二年，他找來二十五位學生，並對著他們讀一份清單，上面有二十個包含兩個單字的片語，有些你剛剛才讀過。接著，他請實驗對象盡可能回想這些片語。

結果很明顯。**人們記得九％的抽象字句，以及三六％的具體字句。**後者是前者的四倍，差距非常驚人。

貝格的大發現令人印象深刻，但你可能會擔心它在商業使用上的效力。

第一，樣本是二十五位學生，不但人數太少，也沒什麼代表性。

第二，貝格選擇的片語，像是「生鏽的引擎」和「肌肉發達的男士」，並不常出現在廣告中（尤其是晚上九點以前，因為在那之前電視不能播兒童不宜的廣告）。

最後是時機問題。在貝格的實驗中，他請大家在聽過片語之後立刻回想。雖然這個實驗很有趣，但品牌通常都必須讓訊息被消費者記住更久。

因為有這些瑕疵，二〇二一年我和李奧貝納廣告公司的崔哈恩重做了貝格的研究，但是修改了一些地方。首先，我們找了四百二十五個人，樣本比較健全。接著我們對著實驗對象唸一份清單，上面有十個片語，有些抽象、有些具體。這些片語全都可能出現在廣告中。

具體的片語包括：

- 快車（fast car）。
- 緊身牛仔褲（skinny jeans）。
- 腰果（cashew nut）。
- 你口袋裡的錢（money in your pocket）。
- 快樂的母雞（happy hens）。

抽象的片語包括：

- 創新的品質（innovative quality）。
- 值得信賴的來源（trusted provenance）。
- 核心目標（central purpose）。
- 有益健康的營養（wholesome nutrition）。
- 道德願景（ethical vision）。

最後，我們稍微修改了時間。我們並沒有請大家一聽完片語就立刻背出來，而是請他們五分鐘之後再回想。雖然廣告必須被觀眾記住的時間更長，但這樣至少比較貼近現實。

最後，此實驗的結果甚至比原本的研究還明確。參與者記得六．七％的具體片語，但只記得〇．七％的抽象片語，前者是後者的十倍。由此可見，貝格做研究時發現的「具體性」，可不只是他在搞怪而已。

這些實驗室研究也有現實世界的證據支持。《創意黏力學》（*Made to Stick*）一書描述了耶魯大學古典學家麥可．哈夫洛克（Michael Havelock）對於古代故事的分析。哈夫洛克表示，《奧德賽》（*Odyssey*）、《伊里亞德》（*Iliad*）等口耳相傳的故事，都帶有大量的具體字句，但抽象字句很少。

他的論點是，當有人講述故事時，具體的部分會被記住，抽象的部分則會被忘記，然後消失。

該怎麼解釋這兩種溝通方式在記憶力方面的差異？貝格表示，**具體的片語比較好記，是因為它們可以被視覺化。**

這個概念很早以前就有了，可以回溯到古典時代，羅馬的演說家西塞羅在西元前五十五年說過：

所有感官當中，最敏銳的是視覺，因此從耳朵或其他來源接收到的感覺，只要能夠透過視覺的調節再傳達到我們腦中，就最容易被記住。

西塞羅就像貝格一樣，他認為當接觸到某個概念時，假如我們能夠用「心眼」想像一個畫面，就會記得比較清楚。讓我們來看看具體性該怎麼為你效力吧。

一、留意你的語言

我和崔哈恩做的研究，顯示出記憶力的巨大差異（差了將近十倍）。而根據許多研究的結果，其他偏誤的效果頂多一〇％或二〇％而已；光是考慮到這一點，你就必須應用這個概念，而不只是讀過就算了。

幸好它的應用方式很簡單：只要把廣告文案中的抽象語言拿掉，換成具體的名詞即可。

如果你覺得這個建議很不清楚，讓我來舉個例子。思考一下蘋果早期的 iPod 廣告。當時其他MP3播放機都在吹噓自己的容量有多少MB，但蘋果說得更實際：「把一千首歌裝進你的口袋。」

看到這句標語，消費者便能想像這臺裝置在牛仔褲口袋裡，輕輕鬆鬆裝著所有他們最喜歡的歌曲。這種視覺化的效果，幫助人們牢記這句廣告詞。

偏愛具體語言的蘋果，其實在業界中還滿罕見的。有太多品牌都喜歡曖昧的抽象語言，像是英國最大房地產網站 Rightmove 的 Find Your Happy（找你的快樂），或是日立（Hitachi）的 Inspire the Next（啟發新世代）。

然而，正因為廣告文案普遍使用抽象語言，所以對你來說反而是個機會。稍微調整一下文案，就能讓你的品牌比大多數競爭者更好記。

二、讓你的顧客想像自己在使用你的產品

使用有畫面的語言，能使你的文案留下更深的印象。如果鼓勵潛在顧客將「使

▲叉子的擺法如果和顧客的慣用手同方向，會提高購買意願。

用你的產品」視覺化，好處會更多。

二〇一一年，美國猶他州楊百翰大學的萊恩・愛爾德（Ryan Elder）及密西根大學的阿拉德納・克里希納（Aradhna Krishna）針對這個概念做了一項研究，並把這個概念稱為知覺流暢度（perceptual fluency）。

研究人員給三百二十一位參與者看一張圖，上面有一塊看起來很好吃的蛋糕，但有些人看到的叉子在盤子左側，有些人看到的叉子在右側。

接著研究人員詢問參與者是左撇子或右撇子，並請他們表示購買意願。

當慣用手符合餐具的方向（例如右撇子看到叉子在右邊），參與者對於蛋糕的購買意願就會提高三五％。研究人員推斷，**叉子的擺法對觀看**

者來說很自然，會鼓勵他們去想像自己在吃蛋糕，而這會帶來愉悅的感覺，進而提高購買意願。

所以，只要有可能的話，**請幫助顧客想像自己在使用你的產品**。你可以稍微修改意象和語言，甚至使用更高科技的方式，像是擴增實境（AR）。

然而，就跟所有研究一樣，這個概念也有細微的差別。二〇一一年，愛爾德利用一系列湯品廣告做了一個類似的實驗。這次他變動的是餐點的吸引力：有些人看到吸引人的口味（艾斯阿格起司〔Asiago〕和番茄），但其他人看到不討喜的口味（茅屋起司和番茄）。

他利用和蛋糕實驗相同的方式，但把叉子改成湯匙，讓實驗對象更容易想像實際喝湯的場面，最後，他看到了有趣的結果。如果產品有引起欲望，那麼購買意願就會提高二四%，但假如產品沒有引起欲望，購買意願則會降低二六%。

看來知覺流暢度就跟「努力的錯覺」一樣有加乘效果——若能輕易想像「聽起來很好喝」的湯，就會使你更想喝。但假如你想像自己試喝不討喜的湯，就會讓自己更不想喝。

三、簡單一點，笨一點

使用具體語言的另一個好處，就是它通常都很簡單。而簡單的語言能夠充分反映你想傳遞的訊息。

這個概念的證據，來自普林斯頓大學心理學教授奧本海默的一則論文，他取了一個有史以來最棒的標題：《不顧必要性而使用博大精深方言的後果：使用沒必要的冗長字句所造成的問題》（*Consequences of Erudite Vernacular Utilized Irrespective of Necessity: Problems with Using Long Words Needlessly*）[1]。

在這份研究中，參與者必須讀幾份文件樣本，包括研究所申請書、社會學論文摘要，以及笛卡兒（René Descartes）作品的譯文。有些參與者讀原版，是用冗長且充滿術語的風格寫成，但其他人讀的是編輯過的版本，沒必要的複雜字句已經被換成更簡單的字。

最後，奧本海默請參與者替作者們的智識評分。讀過簡單版本的人，給作者的分數比讀過複雜原版的人還高出一三%。

這項發現很有價值，因為它與大多數的品牌行為背道而馳。根據語言顧問機構

Linguabrand 表示，英國人口的平均閱讀年齡是十三．五歲，但品牌網站的平均閱讀年齡是十七．五歲。

該機構主張這個現象跟主題無關——畢竟《金融時報》（*Financial Times*）的主題更複雜，但平均閱讀年齡是十六歲。該機構對此現象的解釋是一個長期以來的誤解：有太多專家相信複雜度是智識的象徵。可惜的是，證據顯示的事實剛好相反。

所以就算你不能使用具體字句，請至少讓抽象字句盡可能簡單。德國哲學家阿

1 作者按：雖然大多數學術期刊標題都很乏味，但奧本海默並不是唯一會添加幽默感的學者。比方說，馬利．范戴克（Marley Van Dyke）有一篇論文叫做《神奇酵母與它們的產地：雙態性真菌病原體隱藏的多樣性》（*Fantastic yeasts and where to find them: the hidden diversity of dimorphic fungal pathogens*），二〇一九年發表於期刊《微生物學的當前觀點》（*Current Opinion in Microbiology*）。

二〇一一年，艾莉卡．卡爾森（Erika Carlson）在《性格與社會心理學期刊》（*Journal of Personality and Social Psychology*）發表了一份論文，叫做《你可能以為這份論文在說你：自戀者對於其性格與名聲的知覺》（*You probably think this paper's about you: Narcissists' perceptions of their personality and reputation*）。

《美國成癮期刊》（*American Journal on Addictions*）甚至還有一篇論文叫做《醫療用大麻：我們不能全都哈一管嗎？》（*Medical Marijuana: Can't We All Just Get a Bong?*），作者是海瑟．奧克森廷（Heather Oxentine）。

圖爾．叔本華（Arthur Schopenhauer）就如此提倡：「人應該用尋常的字句，說出不尋常的事物。」[2]

四、一人餓死是悲劇，數百萬人餓死是數據

說故事（而不只是列出數據）也是個好方法，這是有證據支持的。二〇〇七年，黛博拉．史莫爾（Deborah Small）、喬治．洛溫斯坦（George Loewenstein）和保羅．斯洛維奇（Paul Slovic），調查了訊息傳遞方式如何增加慈善捐贈。他們尤其感興趣的是「關於個人受苦的故事，是否會比以數據形式描述的悲劇，更能鼓勵大家捐款」。

三位心理學家募集一百二十一人參與實驗，每人給五美元。作為研究的一部分，參與者必須讀一段關於非洲食物短缺的描述。

有些人讀的段落是以數據描述受害者（例如：「馬拉威的食物短缺影響了超過三百萬名兒童……」），其他人則讀到以個人為焦點的故事（例如：「你的捐款會全部用來幫助蘿姬雅〔Rokia〕，她是非洲馬利的一位七歲女孩。蘿姬雅非常貧窮，

面臨嚴重的食物短缺，甚至可能餓死……」）。

實驗結束時，參與者可選擇將剛拿到的五美元，捐出一部分給慈善機構救助兒童會（Save the Children）。

讀過個人故事的人，平均捐款為二．八三美元；而讀過數據的人，平均捐款為一．一七元；前者是後者的兩倍多。三位心理學家稱之為「可識別受害者效應」（identifiable victim effect）。

這些發現與貝格的研究不謀而合。**數據通常無法感動受眾，因為他們很難感同身受。**「三百萬人」令人無法想像，但是當我們想到蘿姬雅，腦海裡就會立刻浮現一個形象。單一受害者規模較小，人們較能夠將她人性化，進而產生更多情感，並帶來更大筆的捐款。

蘇聯領袖約瑟夫．史達林（Joseph Stalin）也認同這個觀點，據說他以一貫凶殘

2 作者按：溫斯頓．邱吉爾（Winston Churchill，得過諾貝爾文學獎，同時也是偉大的戰爭領袖）也說過類似的話。他主張：「簡短的字句最棒，而簡短的古老字句更棒。」

的態度說道：「一個人餓死是悲劇，數百萬人餓死就只是數據。」[3]

所以，**如果可以的話，請避免使用數據，讓故事更有人性。**

五、檢查你的專業知識

這些研究肯定令你不禁想問：為什麼使用具體語言的品牌沒有很多？或許是因為行銷人員是該類別的專家。無論賣的是車子還是巧克力棒，行銷人員和他的團隊會過度專注於這個事業的細節之中，而這樣其實不是好事。奇普．希思（Chip Heath）和丹．希思（Dan Heath）在其著作《創意黏力學》中寫道：

專家與新手之間的差異在於抽象思考的能力。律師的個性、事實的細節，以及法庭的儀式，都會讓新的陪審團成員很吃驚。與此同時，法官會用過去案件中學到的抽象經驗及判決先例，來衡量目前的案子。

所以，請記住：「專業知識可能會讓你更難引人注目，因為太抽象了。」對你而言很好懂，甚至很好視覺化的東西，對你的顧客來說可能並非如此——他們可不是這個類別的專家。

以具體而非抽象的方式來傳遞訊息，還有最後一個附帶效果：它會讓你遠離籠統的描述，接近更精確的細節。這種精確度本身好處多多，讓我們看看下一章。

3 作者按：有趣的是，跟史達林宛如天壤之別的德蕾莎修女（Mother Teresa），也說過類似的話：「如果我看到一群人，我不會行動；看到一個人，我一定會去做。」

第 6.5 章

價碼、數據，不要取整數

開完有點尷尬的客戶會議之後，你需要休息一下，所以你決定犒賞自己。公司附近有一家外觀很有趣的獨立書店，你一直想去逛逛。

你晃進書店後，視線掃過架上，看到一個特別顯眼的書名：《用十．五章看世界史》（*The History of the World in 10½ Chapters*），挑起了你的好奇心。為什麼是十．五章？既不是十章也不是十一章，而是十．五章……。

十．五這個數字吸引了你的目光，因為它很獨特。大多數的書籍都會用整數，所以有小數點的數字更加顯眼。這個論點的證據來自加州大學心理學家麥可．桑托斯（Michael Santos）。

一九九四年，他做了一項研究：讓研究人員故意穿得很邋遢，假扮成乞丐。有時他們會用正常的方式跟路人討錢：一枚二十五美分硬幣，或者任何零錢都好。有時他們會要求奇特的金額，十七美分或三十五美分。桑托斯發現，研究人員**要求特定的金額時，路人願意給錢的機率會提高六〇%**。他主張精確的要求會顛覆人們的預期，並且增加注目度。他將這個發現稱為「標新立異效應」（pique effect）。

精確度對於品牌也有類似好處。想想食品供應商亨氏（Heinz）這個品牌，創辦人亨利・約翰・亨氏（Henry J. Heinz）決定在包裝上印上這句聲明：「我們公司有五十七種產品，任君挑選！」其實就算在當時，這家公司的產品線都比這個數字還多了不少，但亨氏不覺得這句聲明有什麼不妥，他想強調的就是精確度。

或者，思考一下更早以前 Ivory 香皂的一句廣告詞。打從一八九五年，他們就聲稱自己的純度是「九九・四四％」。如果這些標語改為「六十種豆子」、「一〇〇％純香皂」，還能吸引民眾的注意嗎？

數字越奇怪，越增加可信度

除了獨特性之外，但這些精確的數字還有一種價值。數據假如很具體的話，大家就會判斷它們是可信的。

這個論點的證據，來自羅格斯大學的羅伯特・辛德勒（Robert Schindler）以及華盛頓大學的理查・亞爾奇（Richard Yalch）於二〇〇六年做的研究。兩位心理學家請一百九十九位參與者看一個虛構的體香噴霧廣告，然後詢問廣告的聲明是否準確與可信。

不過兩位心理學家動了一點手腳。有時廣告聲稱這一牌除臭劑的效果「比其他除臭劑還持久五〇％」。在其他場合，他們將這個數據改成更精確的數字：四七％或五三％。

這個細微的改動，提高了觀感上的準確度和可信度。根據大家的判斷，精確的聲明比整數的聲明還準確一〇％左右。精確聲明的可信度評分比整數聲明稍高，但這個效果在統計上不顯著。

所以，該怎麼解釋精確度的效果？最有可能的解釋是一種關聯性。隨著時間經過，人們會注意到，**對某件事情很確定的人，往往會說出精確的細節，但不確定的人則會用模糊的估計來迴避。**

例如，想像一下有人問你，你的伴侶幾歲了？你應該能夠準確的回答三十五歲還是四十六歲。但假如那個人問的是你表哥幾歲呢？你的答案可能會變模糊，回答說他大概三十幾歲或四十幾歲吧。

具體性與準確性之間的關聯變得太強，使得大家在評估一項聲明時，會把這種關聯當成迅速判斷的經驗法則。事實上，由於這個連結太強烈，所以即使答案跟準確度無關，大家依然把具體性當成指南。正如辛德勒所言：

> 比方說，思考一下，當有個朋友說「我二十七分鐘之後回來」而不是「我半小時之後回來」，你對這個朋友有什麼感覺？根據桑托斯（Santos）、萊夫（Leve）和普拉卡尼斯（Pratkanis）在一九九四年發表的研究發現，乞丐如果要求十七或三十七美分、而非一個二十五美分硬幣，他們就能討到更多錢。
>
> 雖然他們對這個現象的解釋是「精確數字具有引人注意的特性」，但本研究的結果也可能有另一種解釋。或許是因為當一個人要求三十七美分時，數字的精確度意味著他的需求很具體，比方說，他只差幾美分就能買公車票搭車回家了。相反的，要求整數金額或許意味著他沒有具體需求——他只是想要錢而已。

簡單來說，具體性與準確性之間的關聯變得太強，會使得大家在評估一項聲明時，把這種關聯當成迅速判斷的經驗法則。

既然我們已經探討了精確度的價值，讓我們來看看你該怎麼運用它來改善你的廣告。

一、應用精確度的力量

前述這些關於精確度的發現很有趣，因為它們與大多數品牌的行為背道而馳。品牌為了方便，數據通常都取整數。例如很受歡迎的保險品牌，可能會聲稱自己有「超過一百萬名顧客」。或者一本談廣告的書，或許會聲稱它包含了二十五種行為偏誤，都會影響你的購買意願。

然而，辛德勒的研究結果告訴我們：這兩種聲明都錯了。保險品牌應該擁抱精確度，改成「超過一百一十五萬名顧客」。而廣告書的作者或許可以出一本續集，介紹另外十六．五個行為偏誤。

利用更精確的傳遞訊息，你就能提高可信度。

二、透過精確的定價來傳達價值

精確數字的好處不只有提高可信度而已。如果價格很精確的話，就會傳達更高的價值。

佛羅里達大學心理學家克里斯・賈尼謝夫斯基（Chris Janiszewski）和丹・威（Dan Uy），二〇〇八年在學術期刊《心理科學》（*Psychological Science*）發表了一個簡單的定價實驗。

兩位心理學家告訴參與者一系列商品的要價，包括起司、海灘小屋、小雕像、寵物石頭、電漿電視。接著參與者必須估計商品的批發成本。實驗的變數在於，有些參與者聽到的要價是整數，其他人則聽到精確的數字。

比方說，有三分之一的參與者聽到起司價格為五美元，另外三分之一聽到的是四・八五美元，最後三分之一聽到的是五・一五美元。而他們對於實際價值的估計，分別是三・七五美元、四・一七美元及四・四一美元。

每項商品都會出現這個模式：參與者總是認為，整數價格的成本溢價，比精確價格還高。

兩位心理學家假設買家知道價格是有溢價的。整數與精確定價的差別，在於買家所認為的價格膨脹程度。當他們思考一個整數價格時，像是一隻十英鎊的手錶，他們心目中的實際價值會大幅下修——例如從十英鎊降到九英鎊。

相反的，當他們思考精確的數字時，因為出現單位更小的數字（如小數點），因此下修的幅度會比較小。例如，一個價格十．二五英鎊的烤吐司機，他們會覺得實際價值是十．一五或十．〇五英鎊。

這兩位心理學家也在佛羅里達阿拉楚阿（Alachua）縣，分析了兩萬五千五百六十四棟房屋的銷售狀況，證實其發現適用於現實世界。他們發現出價精確的賣家（例如出價七十九萬九千四百九十九美元，而不是八十萬美元），最後成交價會比那些以整數出價的人更接近自己的出價。

精確度對於價格觀感的影響，應該會有很多行銷人員感興趣。畢竟有哪個品牌不希望自己看起來更有價值？然而，心理學家還發現其他定價戰術。

下一章算是額外贈送的章節，我們將會討論「不給折扣，而是給人額外內容」的效果。

附贈章節

贈品，比打折更誘人

你正在掃視商業書籍區，有本黃黑相間的書，跟其他顏色單調的書一起放在桌上，格外顯眼。

這本書的簡介看起來挺有趣，封底還有幾則正面評論。最棒的是，封面有一則訊息，宣稱這本新版書有一個附贈章節——等於免費送你四%的內容。

你覺得這很划算，於是開心的拿著這本書去結帳。

附贈內容會吸引你的注意力。包含一些免費的附加內容，是品牌偶爾會使用的戰術，但他們還是比較常用簡單的做法：提供一點折扣。

難道品牌喜歡打折，反而會害他們錯失良機嗎？這就是這個附贈章節要調查的重點。

關於這個主題，最具權威性的研究來自明尼蘇達大學的阿克謝·拉奧（Akshay Rao）以及德州農工大學的陳海鵬（Haipeng Chen）。二〇一二年，他們調查了不同類型的促銷活動，對於一家地方店面護手霜銷量的影響。

第一週期間，這家店替護手霜打六五折；第二週他們沒打折，但是免費送一小盒，等於增量五〇%。促銷訊息每週互換，持續十六週。

從經濟的角度來說，這兩種促銷方案很類似。打折其實還比較划算一點，所以我們預期大家會更喜歡打折。但事實並非如此。

事實上，當促銷訊息是多送一小盒時，店家賣出二十七套護手霜，但促銷訊息是打折時，店家只賣出十五盒，兩者差了八一%。就算這個測試的銷售量很少，但變異規模很大，表示這在統計上是顯著的發現。

不過，為什麼贈送訊息會更有效？根據兩位心理學家的說法：

比起經濟上同等的價格折扣，消費者更偏好附贈包，是因為他們系統性的受到一種傾向影響：忽略百分比的基準值。

他們的意思是說，購物者通常都過度聚焦於百分比（在此案例中是三五%或五〇%），卻忘了百分比的基準值也一樣重要。既然五十大於三十五，大家就會以為前者比較划算。

那麼，你可以如何應用這種偏誤？

一、試著強調贈品，而不是折扣

品牌比較常見的做法，是藉由提供折扣（而不是多送一些分量）來試著影響購物者。然而，拉奧和陳的實驗結果，意味著這種做法或許是錯的。在他們的研究中，強調優惠提供更大的附贈包，是最有效的介入方式。

這份研究的規模很小，所以你大可以自己做實驗來測試這個概念。

二、除了定價，其他方面也可以利用「忽略基準值」的偏誤

拉奧表示，忽略基準值原則可以延伸到服務上。他舉了一個例子：聯合航空（United Airlines）從舊金山到雪梨的班機要飛十五小時。假如聯合航空想要凸顯他們的改善程度，最好強調自己的速度變快了（例如變快二五％），而不是著重在省下多少時間（例如省下二〇％）。

或者，汽車製造商可以用能源效率來描述自己改善的程度（例如每加侖的英里數增加了五〇%），而不是強調省下多少能源（例如省下三三%的汽油）。

然而，這些關於忽略基準值的討論都離題了。讓我們回到正題，談談另一個關於定價的古怪之處：極端趨避。

第 7 章

極端趨避：選最中間的那一個

從書店回到公司之後，你定下心來準備今天早上的主要任務：向主管蘇菲亞（Sophia）做簡報。當你用谷歌（Google）搜尋簡報要使用的圖片時，注意到一個國際兒童慈善機構的廣告。他們正在募款幫助戰爭受害者，於是你決定捐款。

點擊廣告之後，你來到一個線上捐款頁面，預設選項是每月固定捐款。有三種金額可以選擇：二十七英鎊、十八英鎊、七英鎊。

你猶豫了片刻，然後選了中間的金額。

行為科學中有一個廣為人知的研究：**人們面對三個價格選項時，傾向於選擇中間那一個**[1]。

在不確定的情況下，人們會假設最低價選項的品質可能很差，因此挑選它就會顯得自己有點小氣，但是高價選項又可能太貴，讓自己有點像在炫耀。這種概念就叫做極端趨避。

這種偏誤非常值得試試，因為它已經過大量研究證明。二〇一五年，西北大學的烏爾夫．博肯霍爾特（Ulf Böckenholt）做了一個統合分析，在一百四十二份研究中，都發現了極端趨避影響力的證據。

不過，大部分學術研究的對象都是消費者，但這種偏誤也可以運用於專業人士上。二〇一八年，我和行銷機構 The Marketing Practice 詢問了兩百一十三位公司決策者的意見，藉此觀察他們如何受行為偏誤影響。

我們其中一個觀察領域便是極端趨避，我們向受試者提問：

想像一下，你的公司想僱用一位清潔人員。根據你希望他多常來打掃，有以下方案可選擇。請問你會選擇哪一個方案？

有一半的人看到以下三個選項：

1.每週來一次（每次四小時）：每年一千八百七十二英鎊。

1 作者按：在《我就知道你會買！》中，我曾簡短討論過極端趨避，但我當時沒談到這個偏誤的細微差異。既然這個偏誤有這麼務實的含意，我想修正我在上一本書的說法。

2.每週來三次（每次四小時）：每年五千六百一十六英鎊。
3.每個工作日都來（每次四小時）：每年九千三百六十英鎊。

在這個情境中，有一八%的人選擇高價的「每個工作日都來」方案。另一半的人看到的，則是稍微不同的選項組合：

1.每週來三次（每次四小時）：每年五千六百一十六英鎊。
2.每個工作日都來（每次四小時）：每年九千三百六十英鎊。
3.每個工作日都來一整天（每次七小時）：每年一萬六千三百八十四英鎊。

在這個情境中，選擇「每個工作日都來」方案的人數變成兩倍，來到三七%。就算這個方案的固有特性沒變，但隨著它的相對位置改變，吸引力就跟著提升。

接下來，我們來看看幾種應用極端趨避的方式，為你帶來收益。

一、推出超高級方案

這項發現很容易使用，假設你的品牌要賣兩種方案：基本方案和獲利較高的高級方案。你可以推出超高級方案，來刺激高級方案的銷售。

其實很多人都這樣做。下圖來自汰漬（Tide）官網，汰漬高級現金回饋方案（cashback）的價格，其實比它真正賣的東西還貴。把這個昂貴方案放在這邊，是為了鼓勵大家從免費帳號（Free）升級成付費帳號（Plus）。

▲利用更高價的方案，來推銷自己真正想賣的高價方案。

二、中老年消費者，更可能上鉤

博肯霍爾特的分析發現了一件事：雖然極端趨避可以廣泛運用，但它的影響規模變化顯著。

其中一個關鍵變化由產品類型造成。在他的研究中，他區分了極端趨避對於實用性產品（像是微波爐和洗衣粉）及享樂性產品（像是巧克力和名錶）的影響力。**人們購買實用性產品時，更可能選擇中間的選項，因為「避免痛苦」是關鍵的動力**；但購買享樂性產品時，尋求樂趣才是重點。

第二個相關發現是，年紀越大越容易極端趨避。在二〇一五年一篇未發表的研究中，加州大學洛杉磯分校安德森管理學院的艾米·德羅萊特（Aimee Drolet）及芝加哥大學的里德·哈斯蒂（Reid Hastie），請兩百八十二名成人做出一系列選擇[2]。

他們給受眾的選擇類型非常多樣化，從籃球賽門票、冰淇淋到望遠鏡都有。兩位心理學家發現，較年長者更可能挑選中間選項，機率為六一%，相較之下年輕人挑中間的機率只有四一%。

所以，假如你賣的是實用性產品，或者目標族群是比較年長的消費者，請務必將極端趨避加入你的行銷武器中。

三、該付多少錢才合理？由第一眼看到的價格決定

品牌應用極端趨避，既合理又稀鬆平常。然而，應用它的方式還有改善空間。例如，如果把極端趨避和另一個偏誤——「順序效應」（order effect）結合，就能發揮最大效力。

解釋這項發現的最佳方式，就是找一個實驗來佐證。二〇一二年，科羅拉多大學的唐納德·利希滕斯坦（Donald Lichtenstein）與他的團隊在美國某間酒吧做了八週的實驗。

酒客來到酒吧時，會拿到一份酒單，上面有十三款啤酒。有時店員給他們的酒單，最上方是四美元的啤酒，越往下，啤酒就越貴。相較之下，另一份酒單上的啤酒是一樣的，但價格是越下方越便宜。

---

2 作者按：這項未發表的研究，來自史丹佛大學的伊塔瑪·賽門森（Itamar Simonson）與其同事在二〇一七年發表的論文：https://tinyurl.com/h279yyxz。

利希滕斯坦等人發現，當酒單最上方是便宜的品項時，每位酒客平均支付五・七八美元。可是當順序顛倒時，平均支付金額增加了二十四美分，變成六・〇二美元——也就是增加了四％，這在統計上是顯著的數字。

為什麼會出現這種現象？利希滕斯坦等人主張，人們傾向由上而下讀菜單，因此你**最先看到的價格，會大幅影響你對「該付多少錢才合理」的認知**。假如你先看到昂貴的啤酒，那麼你之後看到的中價位啤酒，感覺就很划算。但假如你先看到便宜的啤酒，中價位的啤酒就會變得很奢侈。

利希滕斯坦等人也在其他類別做了研究，以測試這些結果的效度。例如他們給兩百一十九位參與者看一張原子筆的價目表，價格範圍為十五美分到九十美分。如果價格順序為遞減，平均購買價格是六十三美分；相較之下，當價格順序是遞增的，平均購買價格是五十三美分。前者比後者多了一九％。

這些發現同樣有務實的意涵。我們回想一下汰漬和它的三個方案。根據順序效應，最理想的做法就是顛倒順序。由於人們閱讀是由左到右，所以汰漬應該把最貴的方案放在最左邊[3]。

四、誘餌效應：插入一個可比較的商品

極端趨避並不是唯一能夠善用價格相對性的方法。另一個策略是「誘餌效應」（decoy effect）[4]。

第一份關於此偏誤的研究發表於一九八二年，由杜克大學心理學家喬爾・胡貝爾（Joel Huber）、約翰・佩恩（John Payne）、克里斯多福・普托（Christopher Puto）同著。胡貝爾等人請一百五十三位參與者從幾種啤酒當中做出選擇。

有些參與者看到兩種啤酒：

3 作者按：關於順序重要性的實驗不只這一個。芝加哥大學的里德・哈斯蒂發現，若一切條件相等，人們會偏好清單上的第一個品項。二〇〇九年，他先請兩百一十四位參與者試喝兩種葡萄酒，再請他們試喝五種葡萄酒。雖然哈斯蒂告訴受試者，他們試喝的是不同的酒，但其實所有酒都一樣。試喝結束之後，哈斯蒂問每位參與者最喜歡那一種酒，結果他們最喜愛的酒總是第一種。這再度證明一件事：如果你希望受眾購買某一個品項，請務必讓受眾最先看到它。

4 作者按：有時也被稱為「不對稱優勢」（asymmetric dominance）。

A啤酒，售價一．八美元，品質為五十分（滿分為一百分）。
B啤酒，售價二．六美元，品質為七十分。

在這個情境中，兩個選項都有明顯的優勢：A啤酒比較便宜，但B啤酒品質比較好。沒有客觀上較優越的選項。因此參與者的選擇非常平均：四三％的參與者選A啤酒，五七％的參與者選B啤酒。

接下來，第二組參與者看到三種啤酒：

A啤酒，售價一．八美元，品質為五十分。
B啤酒，售價二．六美元，品質為七十分。
C啤酒，售價一．八美元，品質為四十分。

在這個情境中，C啤酒是誘餌。它跟A啤酒類似，但吸引力顯然更低：價格相同，但品質更差。三位心理學家表示：A啤酒「完勝」C啤酒。在這個情境中，六三％的參與者選了A啤酒——人數增加了四十七％。

我們在別的地方也會看見這個現象：**比起複雜但準確的方案，人們通常更偏好既迅速又簡單——即使它不是最好的**。參與者的注意力放在A和C之間的簡單比較，結果就忽視了不易比較的B。

這個偏誤很容易應用，讓我們再次思考汰漬的例子。現在，我們已經有方法可以使人選擇四九．九九英鎊的方案，那就是追加另一個方案！價格相同，但好處顯然較少。

而且，不是只有大品牌會應用這種戰術。薩特蘭說道：

房仲也會利用這種效應：先給你看一棟「誘餌屋」，讓你更容易從兩棟房屋中挑選他們想賣給你的那一棟。他們通常會先給你看一棟完全不適合的房屋，再給你看兩棟可比較的房屋，其中一棟的價值顯然比另一棟還高。而價值較高的房屋就是他們想賣給你的那一棟，另一棟只是為了讓你覺得最後那棟真的很棒的比較品。

這個偏誤就跟極端趨避一樣，影響力會有所變化。剛剛也提到，有一個因素似乎會影響這種效應的規模，那就是目標族群的年齡。二〇〇五年，多倫多大學的金成漢（Sunghan Kim）和林恩・哈謝爾（Lynn Hasher）做了一項研究，對象為六百八十九名學生（年紀介於十七到二十七歲之間）及三百八十四位年長者（年紀介於六十到七十九歲之間）。

研究人員發現，這個偏誤對年輕人這一組最有效。他們主張人們的年紀增加之後，對於該商品類別的經驗也比較豐富，因此會減少這種偏誤的影響力。

誘餌效應和極端趨避都是眾所皆知的偏誤，但並非所有定價研究都是這樣。你有聽過「忽略分母」嗎？如果沒有，那麼下一章你應該會有興趣。

第 8 章

減價 25% 和折價 12 元，哪個划算？

今天感覺有點不順，於是你跑進茶水間，替自己泡了一杯濃咖啡。這時恰好遇到同事安娜（Anna），她正在兜售公司慈善活動的摸彩券。有兩個選項：一種是你只跟你的團隊一起抽獎，另一種是整間公司一起抽獎。獎品都一樣（放一天假），彩券價格也一樣。如果是團隊一起抽，你所屬的十人單位中只會有一個人中獎；但如果是整間公司一起抽，那麼一百名員工裡面會有九個人中獎。

你想要兩張彩券都買，但一張要五英鎊，實在是很貴，而且發薪日已經過了一段時間。所以最好只挑一張。

但是要挑哪一張？你慎重考慮了幾秒鐘，然後選了全公司一起抽的彩券——既然有九個人會中獎，那麼中獎的可能會是你。你掏出一張皺巴巴的五英鎊鈔票給對方，然後回到你的辦公桌，幻想著你中獎那天要做什麼。

你的選擇正確嗎？只要坐下來冷靜估計機率，就會知道你錯了。看一下兩張彩券隱含的機率：只跟團隊一起抽的彩券，中獎機率是一〇%；相較之下，全公司一起抽的彩券，中獎機率是九%。

你不是唯一會犯這種錯的人。丹尼爾・康納曼在他的著作《快思慢想》中，將這個現象命名為「忽略分母」（denominator neglect）。這是一種迷戀頭條數字的傾向。在我們的案例中，「一個人中獎」和「九個人中獎」就是頭條數字，但這兩個數字所代表的，其實是「中獎機率一〇%」和「中獎機率九%」。

此後出現了一些關於忽略分母的研究。心理學家大衛・伯丁（David Bourdin）說道：「人似乎偏愛成功的絕對次數較大的選項，而不是成功機率較大的選項。」也就是說，人們會迷戀頭條數字，而不是數字所代表的意義。

如果你覺得這聽起來有點模糊，那就讓我帶你探討一項研究，藉此釐清一切。

一九九四年，麻薩諸塞大學的維羅尼卡・德內斯－拉吉（Veronika Denes-Raj）和西摩・愛普斯坦（Seymour Epstein）向參與者展示兩個碗，裡頭裝滿了不同組合的紅色與黑色雷根糖。接著他們請參與者選擇要抽哪個碗。假如他們抽中紅色雷根糖，就能贏得一美元。

第一個碗比較小，只有十顆雷根糖，其中一顆是紅色的。第二個碗比較大，裝了一百顆雷根糖，其中八顆是紅色的。如果看機率的話，第一個碗抽中的機率比較大。不過，近半數的參與者選擇了次佳的選項。

兩位心理學家重複這個實驗七次。每次他們都會改變一百顆糖那個碗的顏色組合，最重要的紅色糖果介於五到九顆之間。至於比較小的碗，顏色比例都維持一致，這表示大碗的機率總是比較低。

在這些研究中，八二％的參與者至少挑過一次大碗。他們選擇紅色糖果絕對數量較大的那碗，而不是紅色糖果比例較大的那碗。

根據兩位心理學家的說法：「實驗對象表示，他們雖然知道機率對他們不利，但他們覺得紅色糖果較多的那碗比較容易抽中。」

他們發現實驗對象一直專注於頭條數字上（也就是紅色糖果的數量，分子），而不是事件發生的次數（也就是所有糖果，分母）。

你可以利用人們忽略分母的傾向，做法如下：

一、百分比，讓折扣看起來更划算

雷根糖的實驗，乍看之下似乎跟你在工作上面臨的迫切挑戰差很遠，但其實也可以應用在商業上。例如你在傳遞折扣訊息時，就可以利用這個研究；墨西哥EGADE商學院的艾娃．岡薩雷斯（Eva González）對此做過實驗。

二〇一六年，她募集七十五位參與者，並試圖賣一包氣球（正常售價為四十八披索）給他們。有些參與者會看到氣球折價十二披索，其他人則看到氣球折價二五%。

如果你是個眼光銳利的數學家，應該會發現這兩個折扣是一樣的。然而，兩組人對於交易的評分卻不同：看到百分比折扣的人，對它的評分比較高。他們感覺到的優惠價值是三．七三分，但看到絕對折扣的人，只給它三．四六分，少了八%。

這只是實驗的前半部。接下來，岡薩雷斯給另一組參與者看一件夾克，正常售價是四百八十披索。有些人會看到這件夾克折價一百二十披索，其他人則看到它折價二五%。這兩個折扣也是等值的。

這一次，看到絕對折扣的人對交易的評分是最高的。這組人的評分是四．一六分，相較之下，看到百分比折扣的人只給它三．七分。兩者評分差了一二％。

岡薩雷斯的研究發現，人們過於重視頭條數字，而不是數字代表的意義。因此，他們更可能認為二五％折扣比十二披索划算，因為二十五大於十二。就跟那份雷根糖研究一樣，消費者傾向於忽略分母。

這和華頓商學院教授喬納．貝格所說的「一百法則」（Rule of 100）相呼應：

「一百法則」的意思是，價格一百美元以下時，百分比折扣似乎比絕對折扣還大。但價格超過一百美元的話，事情就會顛倒過來。價格超過一百美元，絕對折扣看起來就比百分比折扣還大。

假如你的品牌定價低於一百元（無論美元、日圓或英鎊），請用百分比來傳遞你的折扣訊息。但假如你的定價超過一百元，那就用絕對數字來展示折扣。

二、提供多重堆疊折扣

不過，想利用忽略分母，不只有這一招。另一招是分割你的折扣，這個戰術叫做「折扣堆疊」（discount stacking）。

依照慣例，我們從一個實驗開始講起。這次的實驗來自明尼蘇達大學的阿克謝・拉奧，以及德州農工大學的陳海鵬。

二〇〇七年，兩位研究人員說服一家店替他們賣的砧板打折。有時這家店直接提供四〇%折扣（即打六折），而在其他場合，他們會把打折分成兩部分來描述：先提供二〇%折扣（八折）、再提供二五%折扣（七五折）。

這兩個折扣在數學上是一樣的[1]。所以假如人們表現得像一臺「無情的計算機器」（desiccated calculating machines）[2]，那麼兩個交易的吸引力應該相等，銷售量應該也差不多。但事情的發展並非如此。一個月後，雙重折扣的交易銷售量明顯比

---

1 作者按：我沒什麼數學頭腦，因此乍看之下很難相信它們是一樣的，必須反覆檢查幾次。所以，假如你想拿出計算機自己檢查，就請便吧。

2 作者按：這句片語應該是工黨衛生大臣安奈林・貝文（Nye Bevan）自創的，用來形容他的黨魁休・蓋茨克（Hugh Gaitskell）。

較高。

這種違背數學上最佳化的行為，可以用忽略分母原則來解釋。**人們再度以面值來解讀數字，而不是權衡它們代表的意義**。他們把二〇％跟二五％加起來變成四五％，所以覺得比直接提供四〇％折扣更划算。他們急著做決定，忘了一件事：第二個折扣的基準值比較小，所以折扣本身也比較少。

所以，想應用這個方法很簡單：與其提供單一折扣，不妨試試雙重折扣。

三、以遞增順序呈現堆疊折扣

假如你真的用了折扣堆疊，請記住上海財經大學的龔晗（Han Gong）發現的細微差異。二〇一九年，龔晗準備了兩則廣告（售價一百美元的毛衣），然後給參與者看其中一則。兩則廣告都利用了折扣堆疊，但它們應用折扣的順序並不同。

在其中一個版本中，毛衣先折價一〇％、再折價四〇％。在另一個版本中，折扣是顛倒的：先折價四〇％、再折價一〇％。

龔晗發現，當折扣以遞增順序呈現時（先折價一〇％、再折價四〇％），購買意願會比遞減順序還高一五%。這位心理學家說道：「我們認為消費者把第一個折扣當作參考，用來比較第二個折扣。」

換言之，第一個數字通常會被消費者當成合理的折扣。如果你先提供大折扣，那麼隨後的小折扣感覺就很小氣。然而，假如你反過來，先提供小折扣，那麼接下來的大折扣就給人很大方的感受。

四、把折扣表達成對於特價的比較

我們再來看看另一個更具策略性的應用方式。二〇一八年，南卡羅來納大學的阿比吉特．古哈（Abhijit Guha）在瑞典四間雜貨店做了一項研究，使用各種居家用品（洗髮精、餐巾紙、咖啡和鮮奶油），來測試不同特價訊息對消費者行為的影響。

在所有情況下，特價標示都有寫出原價和特價。然而，其中有一半的標示強調打折後的價格，例如「降價三一%」；但另一半的標示強調原價比較貴，如「原價貴四四%」。

古哈發現，當特價的說法是「原價比較貴」、而不是「現在比較便宜」時，四項產品的銷售量都會變成兩倍以上。

所以，下次促銷時你可以試試這招，畢竟這樣做沒有額外成本。你的折扣必須從兩種說法中挑選一種來表達，所以不妨試試古哈的概念，看看它對你的產品類別是否一樣有效。

五、展示售價時調整字型大小

到目前為止討論的研究，都是直接應用忽略分母的原則。這些研究顯示，**人們在許多情況下都傾向對數字本身產生反應，而不是數字代表的意義。**

但其實，還有一個可被更廣泛利用的潛在重點。這些研究一再顯示，人們會對「折扣的感覺有多麼深刻」產生反應，而不是折扣本身有多大。

二〇〇五年，克拉克大學的基斯·庫爾特（Keith Coulter）及康乃狄克大學的羅賓·庫爾特（Robin Coulter），測試了一個概念，叫做「字型大小表現一致性」（magnitude representation congruency）。

這個概念是說，如果價格標籤上標示了一大、一小兩個價錢，消費者會自動預設字體較大的那個售價比較貴。也就是說，消費者在看價錢時，容易因字體大小而混淆對實際售價的判斷。

為了測試假設，他們募集了六十五位參與者，並給他們一本小冊子，上面印了一系列廣告。其中一項產品是一雙打折的溜冰鞋。在對照組中，特價的字型比原價還大：

原價：兩百三十九．九九美元　**特價：一百九十九．九九美元**

在實驗組中，原價的字型比較大：

原價：兩百三十九．九九美元　特價：一百九十九．九九美元

當特價的字比原價還大時，參與者的購買意願為三．六三分（滿分七分）。然而，當原價的字型比較大，購買意願增加了二五％，變成四．五四分。這意味著，

如果想要增加價值感，原價的字體應該變大，而且要比特價還大。

庫爾特的研究很有趣，但你或許會擔心它的樣本大小，畢竟實驗的樣本數只有六十五個人。所以，在應用這個實驗之前，你可以自己做個實驗，看看結果是否適用於你的產品類別。

不過在急著測試之前，不妨先讀讀下一章，我提供了一些關於測試的建議。

第 9 章

實驗的必要性

辦公室前門傳來噹啷聲。你過去查看，發現門口地墊上有些信件和傳單。在一堆白色和褐色信封中，有個鮮紅色信封格外顯眼。

你湊近一瞧，原來是基督教援助會（Christian Aid）寄來募款的，他們一週內會來收捐款。你掏了一下口袋，拿出一張皺巴巴的五英鎊鈔票塞進信封裡。

是什麼原因促使你捐款？是廣告本身、他們使用的圖片，或是你無法用言辭表達的東西？我們來看看以下實驗。

每年五月，基督教援助會的志工會將七百萬個信封送到英國的家家戶戶，之後再將信封連同捐款一起收回來。二〇一八年，他們決定將行為科學應用於募款訊息上，以增加捐款。

他們與奧美集團的全球戰略和創新部門奧美諮詢（Ogilvy Consulting）合作，用一百二十萬個信封測試了七種訊息，如下：

1. 簡單的捐款要求。（對照組）

2. 「由在地志工親手遞送、親自收款。」（勞動的錯覺）
3. 「捐款只收到這週截止！」（稀少性）
4. 「此為捐款信封。」（易於認知，cognitive ease）
5. 使用直式信封，暗示這是信封、不是傳單。（功能暗示）
6. 凸顯該計畫的好處：「你捐多少，我們會再多替你捐出款項的25%。」（顯著性）
7. 用更厚的紙來增加信封的認知價值。（昂貴信號，costly signaling）

讀完以上訊息後，請挑出兩個你覺得對捐款總額最沒有效果的訊息。

好了嗎？請翻到下頁表3看看結果。

你有猜對嗎？猜對結果的話，你或許就不用讀這一章了[1]。但沒猜中的人可以好好思考這些結果。

1 作者按：其實你還是要讀。

表 3　不同捐款訊息能帶來的平均捐款

訊息	利用偏誤	平均捐款
簡單的捐款要求	對照組	0.34
「由在地志工親手遞送、親自收款。」	勞動的錯覺	0.39
「捐款只收到這週截止！」	稀少性	0.28
「此為捐款信封。」	易於認知	0.38
使用直式信封	功能暗示	0.40
凸顯該計畫的好處：「你捐多少，我們會再多替你捐出款項的 25%。」	顯著性	0.18
用更厚的紙來增加信封的認知價值	昂貴信號	0.39

捐款金額單位：英鎊。

效果最差的兩個策略，也就是設計來引起顯著性和稀少性偏誤的那兩個，產生了反效果，募得的金額比對照組還少[2]。奧美的假設是，稀少性訊息的時間急迫性，反而給了人們不捐款的正當理由。他們也懷疑捐贈援助計畫反而讓捐款減少，是因為它讓捐款變得過於交易性（排擠了捐款的「溫暖光輝」）。

這些解釋看似合理，但這是因為你現在已經知道結果，自然很容易做出這些解釋，但我們很難事先就發現它們。

當我將這些訊息秀給別人看時，很少人能挑出效果最差的訊息。這會使我們不禁停下來思考。假如無法預測介入所產生的影響，這表示我們應該謹慎行事——我們必須測試。不用因為沒有猜出正確答案就覺得自己知識不足，只要承認人是很複雜的生物，並意識到行為取決於背景就好。

我們來看看這項實驗能如何幫助你。

一、對別人的資料抱持懷疑態度

一旦你決定要安排測試，下一個問題就是該怎麼建構它。最主要的法則就是別相信人們宣稱的事情。行為科學的一大主旨就是：**人們自己講的動機跟他們真正的動機是兩回事。**

有時是因為人們被詢問時會說謊，但更大的問題是，**人們通常不知道自己真正的動機**。維吉尼亞大學教授提摩西·威爾遜（Timothy Wilson）說：「人們對自己都

2 作者按：奧美製作了一份年度報告，概括他們的近期成果。報告中同時包含了這間公司的成功與失敗，令人佩服。

很陌生。」這句話可不是隨便說說。

一九九九年，萊斯特大學心理學家阿德里安・諾斯（Adrian North）主導了一項實驗，用來證明一個概念——人們並不明白自己的動機。

整整兩星期，他反覆改動超市酒類走道的背景音樂，有時是傳統的德國銅管音樂，有時是法國的手風琴音樂。播放手風琴音樂時，法國酒占酒類銷售量八三％；播放銅管音樂時，德國酒占銷售量六五％。這種變化規模顯示出一件事：**人們想買哪一種酒，音樂是最主要的決定因素。**

購物者正要離開超市時，諾斯叫住他們並問說，他們是否有買法國酒或德國酒。如果有買，諾斯會再問他們為什麼要買這瓶酒，只有二％的買家主動將自己的選擇歸因於音樂。諾斯就算提示他們，也還是有八六％的人宣稱自己完全沒被音樂影響。人們對於自己動機的說法，與現實背道而馳。

他們並不是在說謊，而是沒有意識到自己真正的動機。

看了諾斯的發現，我們可以明白，面對來自問卷調查與焦點團體的統計結果，我們仍應該常保懷疑態度。

那麼，假如你不想使用別人宣稱的資料，該怎麼辦？行為科學家會優先使用觀察到的資料。有兩個技巧在這個領域對你特別有幫助：單項測試和現場實驗。

二、利用單項測試改善問卷調查

單項測試是一種簡單的方法，能夠從問卷調查中產生更準確的答案。這種方法將參與者隨機分成好幾個小組。每個小組都會聽到同樣的概念摘要。然而，每個小組看到的摘要當中，都編入了一個額外的事實，而且每個小組看到的事實都不一樣。事後，我們詢問應答者對於這個概念的感覺。任何評分上的差異，都歸因於變動的變數。

如果這聽起來令你有點困惑，我舉個具體的例子來幫助你理解。我們來看看我對於「重設時間範圍」（temporal reframing）的研究。首先，這個概念的主旨是，當人們權衡價格時，會過度強調金額，並且過度忽略時間範圍。

我請五百個人看一張車子的圖片，上面有簡短的描述。每個人看到的描述都一樣。但有些參與者看到的價格是四．五七英鎊／天，有些看到三十二英鎊／週，有些看到一百三十九英鎊／月，最後一組看到的是一千六百六十八英鎊／年。如果你算一下，就會發現這四個價格其實是等值的。

最後，我請參與者評價車子的價值。研究結果顯示，時間範圍越長，交易就越沒有吸引力。當價格標示為每日金額時，人們將其評為划算交易的機率是標示為每年金額的四倍多。

這項偏誤的意涵很簡單：**請務必以最小的時間單位來傳達價格。**

然而，重點並不在於我的發現，而在於我用的技巧。單項測試這種拐彎抹角的方法，反而能得到更準確的答案。假如你直接問大家：「哪一種價格最能有效說服你，這輛車子物超所值？每天一英鎊或每週七英鎊？」他們應該會感到不知所措，並跟你說，這兩種價格完全一樣。但是，單項測試能夠藉由間接詢問的方式，找出連人們自己都沒意識到的行為動機。

下次你做問卷調查時，請務必使用這個簡單的技巧。

三、用現場實驗來補足單項測試

單項測試很實用，但它依然算是宣稱資料的要素之一。更好的方法是做現場實驗。這是心理學家使用的標準方法之一。

這個技巧很簡單，用自然的情節背景創造兩個情境（所以這不是問卷調查），它們只有一個因素不同，其他都一樣。接著，你衡量兩個情境下的行為差異。任何行為上的差異，都可以歸因於變動的變數。

如果你又覺得這聽起來有點抽象，我們可以看看我在幾年前做的現場實驗。當時我跟一家英國大超市合作，因為大家誤以為他們東西賣很貴，所以業者想顛覆這個觀感。

我看完他們的促銷廣告後，發現他們很少使用尾數定價（charm pricing）。這一招是將價格的尾數定為「九」，看起來就會比其他價格還划算[3]。於是我建議他們，無論店面還是廣告，都務必多使用尾數定價。

當時客戶不相信我，他們認為尾數為九的價格很俗氣，可能會傷及他們得來不易的品質聲譽。這種想法其實也有道理。有些證據顯示，購物者偏好整數價格。

二〇一三年，康乃爾大學的麥可．林恩（Michael Lynn）分析過紐約北部一間自助加油站的銷售額，他發現有五六％的銷售額尾數為「．〇〇」。林恩表示，這反映出駕駛員偏好整數價格。

但光是「人們加油時偏好整數」，無法證明尾數定價會貶低超市價值。這種不確定性正好很適合來做測試。可惜的是，這個品牌並沒有準備足夠的資金來執行大型計畫，於是我和博伊德設計了一個既簡單又便宜的研究。

我們在繁忙的倫敦街道上，請購物者試吃一些巧克力。這個巧克力是有背景故事的——我們告訴對方，這個巧克力品牌叫做「Bolivar」，很快就要在英國上市，然後價格是多少錢。我們告訴某些人一小條巧克力棒要七十九便士，並告訴剩下的人說，巧克力棒要賣八十便士。

Bolivar 其實只是假名，這些試吃品都是別家公司的巧克力，但我們編了這個故事，這樣人們就不會對品牌有先入之見，否則成見可能會蓋過價格所帶來的影響。

購物者試吃巧克力之後，我們請他們替味道評分（一～十分）。巧克力棒賣八十便士時，購物者的評分為七．一，但巧克力棒賣七十九便士時，評分為七．

六，比前者稍高，這在統計上並不是顯著差異。

我們花了不到二十英鎊，以及幾個下午的時間，就測完了這個假設，並顯示出尾數定價並不會貶低品質觀感。

現在，有兩個技巧任你使用。現場實驗比較務實，所以我認為它優於單項測試。但有時候你可能需要快點找出答案，此時簡易的單項測試就比較理想。

四、按照六個步驟執行

現在你已經知道幾個實用的技巧，那我們就來跑一遍流程——只要你想做實

3 作者按：如果你對尾數定價有興趣，我在《我就知道你會買！》中有談到一些證據。例如二〇〇三年，芝加哥大學的艾瑞克．安德森（Eric Anderson）及麻省理工學院的鄧肯．西梅斯特（Duncan Simester），與一間郵購零售商合作，測試不同價格對於洋裝銷售量的影響。定價三十四美元時，他們賣出十六件洋裝，三十九美元時賣出二十一件，四十四美元時賣出十七件。由於樣本很小，他們重複這個實驗好幾次——每次都發現同樣的結果。兩位心理學家主張，由於持續反覆的緣故，「大減價」和「尾數定價」已經變得密不可分。人們光是看到「九十九分錢」就覺得有打折，無論商品的隱含價值是多少。

驗，就應該遵照這個流程。總共有六個關鍵步驟：

・**步驟一**：確定你想要解決的特定問題。這個問題要很具體，千萬不要把你的挑戰定義成「更多銷售量」或「提高利潤」，那太模糊了。你應該把粗略的目標細分成更小、更特定的問題。在我提到的超市例子當中，我要解決的問題就是「判斷尾數定價是否會傷及品質觀感」。

・**步驟二**：瀏覽關於此主題的既有研究發現。關於改變行為的學術研究有好幾千個。做點研究，看看你面臨的挑戰是否已經被研究過了。以超市的例子來說，就有一份研究支持「尾數定價會傷及品牌觀感」這個概念，那是林恩做的。

・**步驟三**：判斷既有研究是否能滿足你。做完文獻探討後，接著就要判斷既有研究是否足夠回答你的問題（通常都無法）。有時學術研究的樣本不具代表性，也可能實驗是在跟你不同的市場或類別中進行，又或是實驗的設計有問題。

就我自己的的現場實驗例子來說，問題在於既有研究看的是「偏好」對於品質觀感的影響，卻沒探討其他影響力。因為這樣，我們必須接著執行步驟四。

‧步驟四：設計你自己的現場實驗或單項測試。請務必要做到：

1. 讓它簡單一點。一次只測試一件事。我早期會搞砸某些實驗，就是因為我過於貪心，試著一次測試好幾個指標。
2. 樣本具有代表性，也就是參與者反映了你感興趣的受眾。
3. 參與者不能知道他們正在參與實驗，否則他們的行為或許會受影響。
4. 兩個情境只有一個變數不同，其他都相同。
5. 樣本夠大，這樣你的發現在統計上才有意義。

按照這些簡單的步驟來做，實驗就不必花太多錢。事實上，不花錢的實驗反而更好。假如你遵循又快又省錢的洞察方法，就可以每週測試。比起貴得要命但每年只做一次的研究，這樣有效率多了。

你可以把這個步驟想成假設檢定（hypothesis testing）[4]，不必任何事情都很完美。你只是想改善現有的研究成果。

・**步驟五：**在現實世界中測試。等你做完又快又省錢的實驗之後，接著就要在現實世界做更大的實驗。因此，在使用單項測試的情況下，下一步就是在網站上施行A／B測試。例如，大多數的訪客都會看到你平常展示的價格時間單位（對照組），但有一部份的訪客會看到每週或每日的價格，然後你就可以監控在不同條件下的銷售率。

・**步驟六：**根據你的發現來改變訊息傳播方式。這是看似理所當然卻非常重要的一點。除非你事後改變行為，否則做這些實驗也無法帶來任何好處。

如果這些關於實驗的討論，令你開始思考該做什麼研究，那你可以試著研究措辭原則。假如你還不清楚該怎麼做，那麼算你好運，只要翻到下一頁，我會把你該知道的事情全部告訴你。

4 編按：推論統計中用於檢定現有數據是否足以支持特定假設的方法。

第 10 章

狠撞、相撞、碰撞——措辭的影響力

你的朋友霍普（Hope）再過幾週就要生日了，於是你溜出公司，到大街上買禮物。你在當地的珠寶商那裡看到一個維多利亞風格的胸針，你知道她會喜歡。你屏住呼吸，做好被價格嚇到的準備，再把價格標籤轉過來。結果你又驚又喜。因為價格低於預期。你笑容滿面的跑去結帳。排隊的時候，你瞧見收銀機上黏著一小塊手寫的告示牌。它潦草的寫著：「刷卡須加收二．五%的費用。」

你身上沒有足夠的現金，但若要刷卡，就必須多花點錢。你的臉頰不禁漲紅。

店主先把原價漲了二．五%，再給你同等的現金折扣，這樣就能避免激怒你。雖然經濟學家會說結果是一樣的，但心理學家明白，店家是用不同的方式來表達這個情境。比起賺到多少，大家更在意「虧了多少」，因此購物者覺得為了刷卡放棄折扣無所謂，但是付現還要加收費用的話，那就太虧了。

這可不只是猜測而已。二〇〇〇年，歐盟委託專業人士研究荷蘭一百五十位持卡人，發現有七四%的人覺得刷卡加收費用很不好，但假如這個情境被表達「付現有折扣」，這個數字就會降低到四九%。

簡單改變一下語言，就可能徹底改變一個情境的影響力——這個概念不只存在於付費方式。一九九八年，愛荷華大學的艾爾文・萊文（Irwin Levin）和蓋瑞・蓋斯（Gary Gaeth）做了一個後來被奉為經典的實驗。他們請學生試吃碎牛肉，有時告訴他們「裡頭有七五%瘦肉」，有時告訴他們「裡頭有二五%肥肉」。

就算兩個情境的牛肉是一樣的（都是同一批），而且從肉眼來看，肥肉多寡也大致相同，但措辭影響了學生的味道評分。

研究人員發現，聽到「裡頭有七五%瘦肉」的學生會更喜歡這些碎肉。他們對於品質的評分比「裡頭有二五%肥肉」那組還高出一九%，對於精瘦度的評分則高出三一%。

那麼，為什麼措辭有如此的影響力？康納曼的著作《快思慢想》中有討論原因。他發現我們會基於「已知的已知」（known knowns）來做決策。也就是說，**我們只會考慮眼前的資訊，卻忽略了我們無法在當下感受到的潛在相關因素。**

他將這個概念取名為「你所看到的就是全貌」（What You See Is All There Is），

簡稱「WYSIATI」。康納曼說道：

WYSIATI意味著我們會使用自身所擁有的資訊，並且以為它是唯一的資訊。我們不會花太多時間思考：「嗯，我們不知道的事情還很多。」我們知道什麼就用什麼，而這個概念是我們心智功能的核心。

這對於行銷人員來說，這是很有吸引力的概念。這表示你可以編製消費者的注意力焦點，進而塑造他的情緒反應。

但不只是措辭重要而已，光是一個單字就可能產生差異。一九七四年，華盛頓

表 4　措辭對情緒反應的影響

動詞	參與者估計車速
狠撞	時速 40.8 英里
相撞	時速 39.8 英里
撞上	時速 38.1 英里
碰撞	時速 34.0 英里
接觸	時速 31.8 英里

資料來源：洛夫特斯和帕爾默的研究結果。

大學的伊莉莎白・洛夫特斯（Elizabeth Loftus）和約翰・帕爾默（John Palmer）做了一項研究，成為最有說服力的示範。他們給參與者看一場車禍的影片，並請他們估計車速是多少。

然而，問題當中有一個單字（動詞）是會改動的，所以參與者可能會看到不同的單字。他們看到的問題是：「當兩輛車（狠撞／相撞／撞上／碰撞／接觸）的時候，車速有多快？」

光是這個變化，就對於車速的估計產生顯著影響。看到「狠撞」問題的參與者所估計的車速，比看到「接觸」問題的參與者還快二七％。

問題中的動詞就像一面透鏡，扭曲了參與者眼中的現實。

語言能夠塑造我們的觀感，而且這股力量並不只限於實驗室。一九二〇年代，美國出現了一個相當馬基維利主義[1]的案例。當時因為車輛激增，所以行人死亡人數也變多；想當然耳，汽車製造商觸怒了大眾。

---

1 編按：Machiavellianism，意為不擇手段達到目的處世之道。

製造商為了替駕駛卸責，於是團結起來創了一個新單字——jaywalking（亂過馬路），描述以前毫無爭議的穿越馬路行為。

當時「jay」這個字是帶有貶意的：一個打亂城市秩序的鄉巴佬、土包子。所以亂過馬路被抓到是很丟臉的。這個單字開始流行起來，死亡的責任就從駕駛員轉移到行人身上。時至今日，在美國的城市亂過馬路還是會被罰款。

但並不只有一九二〇年代的美國，才能看到選對字眼所產生的影響力。更近期的例子來自二〇一二年的倫敦；莎拉．卡特（Sarah Carter）和萊斯．比奈的傑作《如何不計畫》（*How Not to Plan*）中提出了另一個案例。

《貧民百萬富翁》（*Slumdog Millionaire*）和《猜火車》（*Trainspotting*）等電影的導演丹尼．鮑伊（Danny Boyle），曾負責打造奧運開幕儀式。他安排了表演的預演彩排，而且是在六萬名觀眾面前演出。

雖然觀眾在場會更有真實感，也讓演員更有心理準備，但這產生了另一個問題：你要怎麼確保觀眾不會洩漏內容？原來，鮑伊並沒有請觀眾對儀式細節保密，相對的，他請他們「保留驚喜」。這種措辭上的細微改變，是為了強調一件事：洩漏細節並不是在分享寶貴的知識，而是在減損表演的興奮感。

事後證明，鮑伊的選字是有效的；開幕之夜的驚喜，幾乎都沒有洩漏給媒體。所以這件事傳達的訊息很清楚。請明智選擇你的用字，因為用字能改變行為。

語言的細微變化能改變提案的影響力。雖然這件事很重要，但這個建議還滿粗略的。以下是三個具體的方法，讓你能夠善用措辭的力量。

一、把焦點放在損失，而不是收穫

最簡單的應用方式，就是促銷產品時把焦點放在損失而不是收穫。這是在利用「損失趨避」這個概念；以色列心理學家阿摩司．特沃斯基（Amos Tversky）和康納曼發現了這個概念，意思是人們把損失看得比收穫還重。

哈佛大學心理學家艾略特．阿隆森（Elliot Aronson）做了一個簡單的實驗，剛好證實了此概念[2]。一九八八年，阿隆森找來四百零四位屋主，並告訴他們房子的隔熱性能很重要。他告訴其中一半的人，假如他們的房子有做隔熱，每天就能省下七十五美分；但他又告訴其他人，假如他們的房子沒做隔熱，每天將會損失七十五美分。

接著阿隆森問他們是否願意註冊，以獲得更多關於隔熱服務的資訊。聽到替房子做隔熱能幫他們賺到多少錢的屋主，有三九％要求更多資訊。然而，聽到隔熱沒做好可能會賠多少錢的屋主，有六一％註冊。註冊率比前者高了五六％。

對於行銷人員來說，這個發現很容易應用。大多數活動都把焦點放在「你購買某個品牌將會賺到多少」。但損失趨避意味著你要稍微改變一下：把焦點放在「假如他們不換品牌，將會損失多少」。

所以，想像一下你替某個手機品牌效力。你可以應用這個概念，將你的廣告詞改成「換用我們的手機，否則你一個月會損失三十英鎊」，而不是模仿大多數行銷人員的做法：告訴顧客他們能賺到多少錢。

二、用名詞而不用動詞的好處

還有另一種修改廣告詞的簡單妙計，可以有效改變行為：不妨將動詞換成名詞。二〇一一年，史丹佛大學的克里斯多福・布萊恩（Christopher Bryan）募集了具有二〇〇八年總統投票權、但目前尚未登記的加州人。

他請參與者填寫關於投票意願的問卷。每位參與者都會填到兩份問卷的其中一份。在第一個版本中，提到投票這件事時，都是用名詞而非動詞，例如：「成為下一次選舉的選民之一，對你而言有多重要？」而在第二個版本中，則是用動詞來提及投票，如：「在下一次選舉中投票，對你而言有多重要？」

填完問卷之後，布萊恩告知參與者，他們要先登記才能投票。布萊恩發現，看到名詞那一組，明顯比另一組更有興趣登記投票。布萊恩說道：「措辭使用名詞，會使人認為這些特質更能代表一個人的本質。」

換句話說，**動詞代表我們做的事情，名詞反映出我們是什麼樣的人。而後者的說服力比較強。**

2 作者按：阿隆森最有名的事蹟，或許是發現了「出醜效應」（pratfall effect）。這個概念的意思是，展現出缺陷的人或產品，反而會更受歡迎。許多廣告活動背後都運用了這個概念：福斯汽車（Volkswagen，「醜只是表面」）；馬麥醬（Marmite，「你不是愛它，就是恨它」）；健力士啤酒（Guinness，「好東西只給願意等待的人」）。更多介紹請讀我的第一本著作《我就知道你會買！》。

如果你想鼓勵別人認同他們過去的行為，那就使用名詞。舉個例子，前陣子我跟一個雜誌品牌合作，他們想要鼓勵大家繼續訂閱。**我們把續訂信件中的語言改了一下，原本是「感謝您的訂閱」，變成「感謝您成為訂閱者」。小小的修改卻有強大的效果。**

三、善用社會證據，減少消費者的怒氣

最後，我們來思考一下，語言的細微變化如何減少顧客在缺貨時的怒氣。二〇一九年，德州大學的羅伯特．彼得森（Robert Peterson）請一千一百一十七位參與者看一個網站上的產品頁面。產品標注了「缺貨」、「售罄」、「無法取得」三個用詞的其中一個。

即使頁面上的其他細節都一致，標籤還是顯著影響了應答者的反應。「售罄」這個用詞所引起的負面反應，明顯比其他兩個標籤還少：失望程度比看到「缺貨」還低八%，也比看到「無法取得」低一五%。

「售罄」比較有效，或許是因為它強調了產品有多麼受歡迎，從而利用了社會

證據（social proof）[3]，但是「無法取得」好像在暗示物流出了問題。

在本章中，我們討論了三種具體方式，以運用語言的細微變化：損失趨避、名詞的力量、社會證據。

但是，你還記得本章開頭那個刷卡要加收費用的例子嗎？這還牽涉到另一個措辭的要素。這筆費用的描述方式令人覺得不公平，使人心想：憑什麼刷卡付帳就要付更多錢？

公平性是意外強大的行為驅動力。我們在下一章將會討論你該怎麼把這個見解化為你的優勢。

3 作者按：社會證據的意思是，假如你讓一個行為或產品看起來很受歡迎，那它就會更有吸引力。可以在我的著作《我就知道你會買！》讀到更多關於這個概念的介紹。

第 11 章

公平，
消費者就能接受漲價

當你從珠寶店回到公司時，有一封主管寄來的電子郵件等著你。你興奮的打開它，因為你很期待自己能領到獎金。好消息是，你真的獲得一千英鎊的獎金！算是慰勞你辛苦努力了一整年。你大聲驚呼，因為它遠遠高出你的預期。

你轉頭跟同事湯姆炫耀你的好消息。他先熱情的恭喜你，然後再補充說，他希望將自己的一千一百英鎊獎金用作旅遊基金。

你的笑容僵住了——湯姆怎麼會領得比你多？你們兩個的職責明明一樣啊？你不禁想起最近跟一位招募顧問的會面，或許那家公司不像現在這家這麼糟……。

如果純粹從邏輯的角度來看，你的反應似乎很奇怪。別人領多少錢很重要嗎？你的獎金領多少才最重要吧？畢竟不管你的同事領多少，你那一千英鎊的購買力都不會變。

人們照理說應該要這麼想才對，但現實是他們的腦袋沒有這麼思考。而這就是有趣的地方。實際觀察人們的行為，我們一再發現違反公平原則的情形會促使人們採取行動。

關於這個主題的第一個實驗，要回溯到一九八二年，科隆大學的維爾納・古斯（Werner Güth）、羅爾夫・施密特伯格（Rolf Schmittberge）和伯恩德・施瓦茲（Bernd Schwarze）的研究成果。

這三人設計了一個測試，叫做「最後通牒賽局」：他們募集了一群雙人組，雙人組其中一個人扮演提議者的角色，另一個人則是接受者。

他們給提議者一筆錢（原本的實驗是四到十德國馬克，大約是現在的四到十英鎊），然後請提議者依照自己的心意，將現金分給接受者。接受者（跟提議者隔開）只有兩個選項。他們可以接受分錢的提議，但不能協商；或者他們可以拒絕分錢，但這樣的話，雙方都拿不到錢。

在這個實驗之前，大多數的經濟學家都認為接受者會願意收下不公平的分配，例如十馬克中分到兩馬克，畢竟接受的話至少有錢拿。但現實並非如此。

當提議者提出極度不公平的分配（例如只分二〇%給對方），大多數接受者都會拒絕。由此可看出，人們早有準備，哪怕自己也會付出代價，對方如果違規就給予懲罰。

你可能有注意到這些金額都很小，或許意味著這個發現只適用於小錢。然而，在一九九九年，墨爾本大學的麗莎・卡麥隆（Lisa Cameron）在印尼重新舉辦了一次最後通牒賽局，並且大幅提高賭注，分配金額提高到一百美元。

不過，即使這個金額等於參與者每月支出的三倍，接受者還是拒絕了極度不公平的分配。

這似乎很令人不解，但這種行為在演化方面是有好處的。人類唯有團結起來才有力量。因此，假如一個團體要有效率的運作，就必須解決「白吃白喝」的問題。而其中一個方式，就是竭盡全力處罰那些違反公平準則的人——即使我們自己也會付出代價。

公平性的重要性甚至延伸到人類祖先以外。你在靈長類動物身上也可以看到。二〇〇三年，埃默里大學的弗蘭斯・德瓦爾（Frans de Waal）和蘇珊・布羅斯南（Susan Brosnan），訓練捲尾猴拿一顆鵝卵石跟他們交換一片黃瓜。

接著，研究人員在相鄰的塑膠玻璃籠子放了第二隻猴子。透明的環境意味著動物能夠監控彼此。起初，實驗繼續以同樣的方式執行——猴子拿一顆石頭給研究人員，就會收到獎賞。

但接下來，兩位心理學家開始動手腳。他們給其中一隻猴子的獎賞是黃瓜，卻給另一隻猴子葡萄。由於猴子特別偏愛葡萄，所以這等於引進了不公平的要素。即使猴子的絕對利益沒變，拿到黃瓜的猴子卻造反了。有一半的猴子看到夥伴拿到葡萄後，就會拒收黃瓜——通常牠們會把這個討厭的東西扔出去[1]。不過，這個行為不符合猴子貪吃的個性，在原本的實驗中（其安排是公平的，因為所有猴子都拿到黃瓜），只有五％的猴子拒收黃瓜。

這些研究結果都很有趣，因為猴子跟人類有同一個祖先，已經是數百萬年前的事了。假如兩個物種對於不公平都有這種反應，就意味著這種反應是根深蒂固的，而我們試圖影響行為時，就應該善用它。

1 作者按：這個實驗我沒有描述得很清楚。你可以在這個網址觀看德瓦爾的 TED 講座，裡面包含了猴子受委屈而發怒的片段：https://www.youtube.com/watch?v=GcJxRqTs5nk。

相對金額，比絕對報酬更讓人在意

雖然這些實驗展現出不公平所產生的深刻感受，但其實驗環境跟商業圈相差甚遠。有鑑於此，二〇二〇年我做了一個實驗，看看這些發現是否跟商業相關。我在英國告訴一群受訪者，在新冠疫情初期，有一家超市的捲筒衛生紙（一包有九捲）價格從五英鎊漲到六英鎊。許多經濟學家或許覺得這很合理，只是在反映市場供需而已。然而，大多數顧客並不是這麼解讀的；八三％的受訪者（壓倒性多數）認為漲價不公平。而且不只英國人這樣。我在法國又做了同樣的調查，結果負面回應更顯著，九六％的受訪者判定漲價不公平。

這個實驗顯示，**人們在購物的時候會講求公平性**。然而，「意識到一個問題」和「基於這個問題而改變你的行為」是兩回事。如果沒有用金錢當賭注，消費者在思考實驗中很容易因為委屈而動怒。那麼，假如有牽涉到現金，消費者還會這麼有原則嗎？

芝加哥大學的莎莉．布朗特（Sally Blount）及西北大學的馬克斯．巴澤曼（Max Bazerman）做過相關研究。研究人員付了一點小錢給一百二十六名學生，請他們參與一個關於政治決策的實驗。然而，政治研究只是幌子，學者真正感興趣的是「有多少人願意參與」。

他們給學生的提議有兩種。第一組學生參加實驗可以拿到七美元。這個情境下有七二％（將近四分之三）的學生答應。

另一組學生參加實驗可拿八美元，但他們還聽到一個無害的謊言：上一組實驗對象領了十美元。即使這些參與者可以比上一組多領一美元，但答應參加的比例反而降低了：只有五四％。總共減少了二五％。

參與者在決定是否要參與時，不只會權衡他們的絕對報酬，相對金額也會影響動機。他們早有準備，**寧願拒絕有利可圖的機會，也不願受到不公平的對待**。布朗特的實驗極為有力的證實一件事：**對於公平性的觀感將會塑造商業行為。**

我們來看看如何應用這個效果：

一、善用正義的怒火

這些實驗的第一個意涵，就是善用違反公平性所觸犯的正義怒火。說服某人更換品牌、改試用你的產品可能很困難，不過，假如他們原本的供應商已有不公平的行為，那麼他們的慣性就會變弱，此時你就可以瞄準這些潛在顧客。

不妨思考一下銀行業。假如你正在推廣現有帳戶更換，那麼最理想的時機，就是敵對銀行的顧客剛遭到不成比例的懲罰。例如，他們只是稍微超過透支額度，就要多付十英鎊。

更棒的是，你可以考慮把競爭者的行為講成不公平。比方說，一個新的計程車品牌或許會把 Uber（優步）的動態定價視為潛在弱點，並強調固定費率的優點。

二〇一五年，我和珍妮．里德爾（Jenny Riddell）在某天倫敦地鐵罷工時接觸了三百六十七個人，詢問他們對於 Uber 動態定價公平性的看法：八三％的人覺得漲價不公平。事實上，當我們繼續追問的時候，他們還將 Uber 的政策形容為「討厭」、「占人便宜」、「牟取暴利」。

二、將公平原則應用於你的定價

第二，考慮將這些公平原則應用於你自己的定價。一開始先認清一件事：你覺得沒爭議的漲價，顧客仍可能覺得不公平。

有些實驗間接提出了戰術，將這個風險極小化。第一個實驗來自理察・塞勒（Richard Thaler）、康納曼及傑克・克內奇（Jack Knetsch）。一九八六年，這三人跟參與者講了一些情境，而在這些情境中，零售商都漲價。比方說，有家硬體商店在暴風雪過後，將鏟子的價格從十五美元漲到二十美元；八二%的參與者認為這是不公平的。在顧客需求增加的情況下漲價，會被解讀成剝削。

接著，學者們探討這種漲價能夠用什麼方式來表達，比較能減輕怒氣。他們告訴參與者另一個情境：

由於運輸疏失，造成某個地方的萵苣缺貨，因此批發價格上漲。當地的雜貨店店主買進萵苣的價格，在進貨量不變的情況下，每顆比平常漲了三十美分。於是店主賣給顧客的萵苣，每顆也漲了三十美分。

在這個情境下，只有二一%的參與者無法接受漲價。其中的意涵很明顯：假如你想漲價，請提供正當的理由。你的員工薪資、稅負或原物料是否上漲了？如果是這樣，請告訴你的顧客。有太多品牌沒提到這些價格因素。你應該把你的困境講清楚，顧客就比較願意接受漲價。

三、運用「因為」的力量

品牌之所以不敢解釋漲價的理由，通常是因為他們怕自己的理由不夠有說服力。然而，哈佛大學心理學家艾倫·蘭格（Ellen Langer）表示這是錯的。一九七八年，蘭格用大學裡一臺很多人在用的影印機做測試。她試圖用兩種方式插隊，第一個方式是：「不好意思，我只有五頁。我可以先用影印機嗎？」這個情境下有六〇%的人答應。

後來她又向另一群人提出請求，但有細微的差異：「不好意思，我有五頁。我可以用影印機嗎？因為我要影印。」請注意，她插隊的理由毫無意義。她當然要影印，不然她幹麼用影印機？然而在第二個情境下，答應的人增加到九三%。

蘭格主張，即使資訊很沒用（或者套句她說的：「只有安慰效果。」），只要使用「因為」這個詞，就能提高服從率。

其原因是，「因為」這個詞後面通常都會接一個合理的理由。這個詞本身缺乏有意義的緣由，卻能透過聯想而提高服從率。

從這項研究學到的經驗很容易應用：**傳播訊息時，請務必要加上「因為」**。

四、更間接的解讀

想把這個戰術應用於價格正當化上，還有另一個角度。這一招也是塞勒發現的。他從兩個情境中挑一個告訴實驗參與者。第一個情境如下：

> 天氣炎熱，你躺在沙灘上，只有冰水可以喝。你上個小時就在想說，如果能來一瓶你最愛的某牌啤酒，那該有多麼享受。一位同伴起身去打電話，並提議從某間小雜貨店買一瓶啤酒給你——附近就只有這家店有賣啤酒。
>
> 他說啤酒可能會很貴，所以問你願意出多少錢來買。假如啤酒的價格等於或低

於你說的價格，他就會買，但假如高於你說的價格，他就不會買。你信任你的朋友，他也不可能跟店主討價還價。你會告訴他什麼價格？

這個情境的平均價格上限是一．五美元。請記住這個數字。

下一組參與者也看到類似的劇本，只有一個地方有變。這次附近的酒吧位於一間時髦的度假旅館內。塞勒請他們說出自己最多願意出多少錢，這次平均值為二．六五美元。

請記住，兩組人買的是一樣的商品（一瓶在沙灘喝的啤酒），而且他們說的都是自己願意出的最高價格。儘管如此，第二個情境的數字還是提高了七七%。為什麼會這樣？

如果按照實驗的脈絡，我會說這有一部分是公平性導致的。**假如人們意識到品牌的成本比較高，他們就有心理準備要付更多錢**。這個實驗間接表明了一件事：你不必像塞勒、康納曼和克內奇的蔄苣情境一樣、直接把成本講清楚，但你可以含蓄的傳達它。

五、確保你的顧客採取公平的行為

稍微變化一下如何？假如你的品牌必須確保顧客採取公平行為，你該怎麼辦？你可以利用一種戰術，叫做「眼睛效應」。

跟這個概念最相關的學者是紐卡索大學的梅麗莎・貝特森（Melissa Bateson）。二〇一一年，她在大學內的餐廳貼了一系列海報。

有時海報上放了一雙眼睛，加上一句訊息：「用餐後請將托盤放在架子上，謝謝」或「請勿攜帶外食，謝謝」。有時海報上的眼睛會換成花卉的圖片。

接著，研究人員監控人們沒有遵守這些要求的比例。貝特森發現，海報印著眼睛的情況下，人們亂丟垃圾的機率比海報印著花卉還低五〇%左右。無論海報是否有宣導別亂丟垃圾，都會產生這種效果。眼睛在看才是重點所在。

這個發現聽起來或許很驚人，不過牛津大學的基斯・迪爾（Keith Dear）主導了一項統合分析（統合了十五份研究），佐證了此發現。這些研究探討了一些反社會行為，像是亂丟垃圾、偷腳踏車和引擎怠速等。迪爾發現這些情況有一個共同的模式：**當人們被眼睛圖片看著時，反社會行為最多會減少三五％。**看來眼睛會提醒我們：你可能被監視著，而這會鼓勵人們做出社會期待的行為。因此，我們做出不公平行為的機率會降低。

我們在本章討論了許多公平性的要素。但有個相關領域我們還沒談到：當人們選擇的自由被剝奪時，會感到忿忿不平，覺得這樣很不公平。這就是我們下一章的主題。

第 12 章

要不要看這一章，
你可以自由選擇

當你埋頭工作時，被伴侶打來的電話打斷。他剛下班回家，發現家裡像是垃圾場一樣。根據他的說法，你女兒的房間就像被炸彈炸過。衣服散落在四處。你沮喪的發出一聲哀號。

昨天晚上你才剛對女兒嘮叨至少十分鐘，要她把房間清乾淨——應該說，「絕對要給我清乾淨」。她為什麼把你的話當耳邊風？

你想影響你的小孩，結果適得其反。你用專橫的態度命令她服從，卻不經意的觸發了一種心理偏誤，叫做抗拒心理（reactance）。

這項發現在一九六六年由耶魯大學心理學家傑克．布萊姆（Jack Brehm）提出，他主張，假如人們覺得自己的自主權被威脅，他們的反應通常是重申其自由；這表示**過於強勢的要求通常都會帶來反效果**。

雖然你可能有興趣從個人角度了解這件事，但請務必注意，它不只會影響小孩而已。不妨思考一下德州大學的詹姆斯．潘尼貝克（James Pennebaker）和黛博拉．耶茲．桑德斯（Deborah Yates Sanders）於一九七六年做的研究。

他們在男廁裡頭擺了告示牌，請他們不要塗鴉。有時上頭的措辭很禮貌：「請勿在牆上寫字。」一在有時措辭則非常嚴厲：「不要在牆上寫字！」研究人員每兩小時輪替這兩種告示牌。每次告示牌輪替結束之後，他們都會計算牌子上有多少塗鴉。

他們發現，專橫語氣所激發的抗拒心理顯然更多：塗鴉數量是禮貌語氣的兩倍左右。

潘尼貝克的研究顯示，**試圖改變別人的行為時，你必須緩和你的語氣，而且吸引對方通常會比哄騙對方更好。**

「有時訊息要施展一點吸引力會比較好」，光知道這件事是不夠的。我們真正要知道的是，在哪些情境下應該最提防抗拒心理。心理學家已經發現三個行銷人員可應用的情況。

一、權力不平衡，可能觸發抗拒心理

第一個領域關乎訊息傳播者的權威，潘尼貝克的廁所研究就有測試過這件事。有時他將禁止塗鴉的命令交給警察局長（發布高權威人士）；有時則是交給大學的運動場管理員（低權威人士）來發布。

改變訊息傳播者的地位，會大幅影響路人的反應。當命令來自警察局長時，塗鴉的數量是命令來自運動場管理員時的兩倍。

所以，如果你的品牌和訊息接受者之間，存在著權力不平衡，你就要特別小心觸發抗拒心理。

舉例來說，英國稅務海關總署發布一項訊息，要求民眾及時回覆某個福利申請表格。在這個情境下，最好的做法還滿違反直覺的：讓語氣緩和一點，或是考慮透過第三方來傳遞訊息。

二、與忠誠顧客溝通時，避免過度武斷的訊息

第二個微妙之處關於消費者和品牌的關係。二〇一七年，杜克大學的蓋文・菲茲西蒙斯（Gavan Fitzsimons）請一百六十二名參與者說出一個服飾品牌，分成兩組。他請第一組人挑一個他們用很久、而且有一定忠誠度的品牌。

然後，他請第二組人說出一個他們只有短暫使用過、而且忠誠度極低的品牌。

他將第一組人定義為「與該品牌有忠誠關係」，第二組人則是「與該品牌的關係不忠誠」。

接著他請參與者觀看兩個廣告的其中一個，廣告之中插入了他們所提到的品牌。有些人看到較不武斷的廣告，它的訊息是「二〇一二冬裝系列」。其他人則看到武斷的廣告，它多了一個要求：「要買就趁現在！」

最後，他請參與者指出廣告是否討人喜歡。菲茲西蒙斯發現，忠誠購物者對於武斷廣告的喜好程度，比不武斷的廣告還低二〇%。反之，不忠誠的消費者對兩種廣告的偏好則沒有顯著差異。

這位心理學家主張：「會發生這種事，是因為忠誠品牌關係的服從規範，會比不忠誠的品牌還強烈。」換句話說，**關係越深厚，武斷的訊息就越會給人妨礙自由的感覺。這種增強的服從壓力，會提高抗拒心理的發生率。**

所以，你對新顧客強迫推銷或許沒事，但若對最熱衷的買家採取這種行為，反倒可能產生反效果。請按照情況來量身訂做你的溝通方式。

三、將文化差異納入考量

二〇〇九年，薩爾茲堡大學的伊娃・喬納斯（Eva Jonas）調查了抗拒心理的跨文化差異。她發現來自個人主義文化的人，在自由受到威脅時所產生的抗拒心理，會比來自集體主義社會的人還高出二二%。這代表，你在美國或英國舉行活動時，比起目標族群是中國或南韓，更該提防抗拒心理[1]。

接下來這一段，你可以選擇不看

到目前為止我們已經討論過，你什麼時候應該慎防抗拒心理，但下一個問題是你該怎麼盡可能降低抗拒心理的風險。我會提出三個建議。

一、善用「但你可以自由選擇」這句話

我們先來看看南布列塔尼大學的尼古拉・吉根（Nicolas Guéguen）教授，以及

波爾多大學的亞歷山大・帕斯夸爾（Alexandre Pascual）在二〇〇〇年做的研究。

吉根接觸了八十位陌生人，跟他們借錢搭公車。他的要求方式有兩種；有時他會說：「不好意思，可以請你借我一些零錢搭公車嗎？」在其他場合，他會修改要求，說道：「不好意思，可以請你借我一些零錢搭公車嗎？但你可以自由選擇接受或拒絕。」

當實驗者直截了當的向參與者要錢時，他們的服從率為一〇%。然而，當實驗者強調參與者有權利婉拒時，服從率提高到四八%。

你可以好好思考這個變化的幅度：捐款率變成將近五倍。許多行為科學研究的改善幅度頂多一〇%～一五%，由此可見吉根的介入非常有效果。

此外，這個效果不只是影響捐款率而已，捐款金額也提高了——「但你可以自由選擇」那一組人的平均捐款是一．〇四美元，對照組是四十八美分；前者是後者

1 作者按：荷蘭馬斯垂克大學的吉爾特・霍夫斯塔德（Geert Hofstede），曾經將大多數的國家歸類成一條從集體主義到個人主義的連續體。你可以在此處看到各國的文化取向：www.hofstede-insights.com/product/compare-countries。

的兩倍多。

吉根只是讓人們注意到一項事實：「他們有拒絕的權利」（這本來就理所當然），就大幅提高了服從率。

二〇一三年，西伊利諾大學的克里斯多福・卡本特（Christopher Carpenter）針對四十二份與此技巧相關的研究統合分析，發現了一件事：在各種不同環境背景下，服從率都會提高。所以，無論你的請求是慈善方面還是商業方面，都應該應用這個原則。

在你提出可能會挑起抗拒心理的請求之後，請加上這個關鍵句：「但你可以自由選擇要接受或拒絕。」**只要提醒對方有拒絕的自由，就能避免抗拒心理。**

二、讓人們參與決策

另一個切入角度，是**提供人們一定程度的控制權。重要的是，這個控制權不一定要有意義，就算只是做表面工夫也有用。**

匹茲堡大學的凱特・蘭伯頓（Cait Lamberton）、倫敦大學學院的揚－伊曼紐爾．德內夫（Jan-Emmanuel De Neve）及哈佛大學的麥可．紐頓（Michael Norton）在二〇一四年做了一項研究，證實了上述論點。他們請一百八十二名學生替十二張圖片的喜好度評分（滿分為九分）。

三位心理學家會付參與者十美元的工資，但參與者要返還三美元作為「實驗室稅」。他們收到指示，要把費用放進信封中，事情做完之後再把信封拿給實驗者。這種拐彎抹角的收稅方式，是為了讓參與者可以輕易「汙錢」。結果還真的有不少人這樣做！事實上，有四五％的人送回空信封，三％的人只繳了部分費用。

不過，三位心理學家又重做了這個實驗，只是這次稍微變化了一下。第二組參與者可以建議實驗室管理員該怎麼使用稅金。例如他們可以建議將這筆錢拿來買飲料和點心，請未來的參與者吃。

即使這組人的建議不一定被採用，但還是對服從率產生了極大的影響：六八％的人在信封中放了全額，跟對照組相比多了三〇％。

由此可知，給人們發表意見的權利，就能增加他們服從的意願。

為，態度務必堅定。

三、排除變化的可能性

避免抗拒心理的最後一招，重點在於行銷人員。如果你必須要求別人改變行為，態度務必堅定。

滑鐵盧大學的克里斯汀・勞林（Kristin Laurin）、亞倫・凱（Aaron Kay），以及杜克大學的蓋文・菲茲西蒙斯的研究，便支持上述論點。

二〇一二年，他們告訴參與者，專家已經決定，在城市內採用低速限將會改善安全問題。然而，心理學家將參與者分成三組，每一組聽到的狀況都有點不一樣。

第一組是對照組，沒有聽到任何額外的資訊。第二組聽到的是「政府已經下定決心要降低速限」。最後一組聽到的是「如果多數官員投票支持這條法規，它就會生效，而且官員應該會支持」；這段話的重點在於，在這個情境中，法規是有可能被推翻的。

接著心理學家問參與者，他們有多麼支持這條法規，以及他們覺得這條法規有多麼惱人。

勞林發現，聽到「法規絕對會生效」的參與者，觀感比模稜兩可情境下的組別還要正面。似乎是因為政府態度很堅定，使他們在心中也將修法合理化。

在本章中，我們討論了人們有掌控事物的欲望。下一章我們將會討論一個稍微不同的角度：藉由打破傳統來重申自由的人，較能享有好處。

第 13 章

紅跑鞋效應

董事會議拖了一小時。這場沒完沒了的會議，大部分時間都花在吵同一件事情——公司方對於在家工作的政策。總經理威爾支持有彈性的工作模式，但營運長約翰卻大聲疾呼，所有人都該回公司上整天班。

兩方的提議都有其優點，但整體而言你是站在總經理這邊的。董事長制止爭吵，要大家投票表決。她環顧眾人，並詢問大家比較喜歡哪種做法，結果你的同事一個接一個出聲支持營運長。

很快就要輪到你了。你不禁開始懷疑：或許你的同事是對的？或許所有人都回到公司上整天班，真的對士氣最有幫助？

人人都會感受到必須順從眾人的壓力。美國心理學家所羅門．阿希（Solomon Asch）在二戰結束後做了一個實驗，就展現出這種傾向，這也是心理學史上最有名的實驗之一。

阿希在美國斯沃斯莫爾學院任教時，請參與者參加一項視力測驗。實驗對象看到一張卡片，上面畫了一條線。接著他們必須從其他三條線當中，選一條跟第一條一樣長的。

這件事還滿簡單的。阿希說道：「這是既清楚又簡單的事實問題。」它簡單到什麼程度？受試者獨自答題時，答對機率超過九九％。

然而，在主實驗中，阿希的參與者並不是一個人完成這件事，而是七人或九人一組。這位參與者以為其他人跟他一樣是實驗對象，但他們其實是阿希的暗樁，之前就套好答案了。每位參與者總共參與十八次測驗，而暗樁在其中十二次測驗中都故意答錯。

阿希想知道真正的參與者會有什麼反應，他們會為了融入團體而改變答案嗎？研究結果展現出極大程度的從眾。四分之三的參與者在聽到錯誤答案的時候，至少會順從大家一次。整體來說，他們有三分之一的答案都是錯的。

現在我們來看看你該如何利用許多人的從眾傾向。

一、打破傳統標誌性地位

這種模仿他人行為的傾向，許多研究都能佐證。會有這種行為，原因在於人們想要被接受，並避免遭到制裁。

這也意味著，品牌只要跟大家說自己是最主流的選擇，或許就能受益。這在許多情況下都是對的，而且我在《我就知道你會買！》中有詳細討論過。

然而在某些場合，藐視群體規範對訊息傳播者來說反而有益。原因在於，打破這些規範有可能會引起社會反彈。如果真的是這樣，那麼最有可能違背傳統的人，就是地位較高的人。這些人有足夠的聲譽資本，能夠承擔代價。

哈佛商學院的法蘭西絲卡・吉諾（Francesca Gino）曾經探索過這個主題。二〇一一年，她在消費者研究協會（Association for Consumer Research）大會上做了現場研究，這場學術大會跟其他大會一樣，參加者都必須穿得很專業。

吉諾記錄了每位正式出席者的服裝，以及他們發表過、且經過同儕審查的論文篇數，以判斷他們的學術地位。

吉諾發現，服裝正式度和論文發表篇數呈負相關——最成功的學者，就是最可能打破傳統（穿著相較不正式）的學者。

雖然這份研究顯示地位較高的人比較可能打破傳統，但它沒有揭曉其他人怎麼解讀這種行為。為了彌補這個缺口，希爾維亞・貝萊扎（Silvia Bellezza）、吉諾和阿納特・凱南（Anat Keinan）後來又做了一項研究。他們請一百五十九位應答者替一位教授的地位和能力評分，參考依據是一篇關於他的簡介。

參與者看到的資訊可能有兩種，一種是教授很從眾（「麥克上班通常都會打領帶，而且把鬍子刮乾淨」），另一種是他不從眾（「麥克上班通常都穿T恤，而且留鬍子」）。

接著他們要替教授的能力和受尊敬程度評分，滿分為七分。結果應答者給不從眾的教授五・三五分，相較之下，從眾的教授只拿了五分。變動幅度非常顯著，有一四%。

吉諾說道：「**由於不從眾通常帶有社會成本，所以旁觀者會推斷不從眾的人地位很強大，得以承擔不從眾的社會成本，而不怕自己的社會地位降低。**」

吉諾將這個概念取名為「紅跑鞋效應」（red sneakers effect）。之所以取這個名字，是因為她做這份研究的時候，許多高調的科技創業家都藐視企業的服裝規定；他們參加重要會議時不會穿西裝、打領帶，而是穿運動衫和運動鞋——有時還穿紅色的。

二、廣告應用

不過，這些研究跟我們有什麼關聯？吉諾的實驗很有趣，但她描述的情境（關於服裝規定和刮鬍子）跟廣告搆不著邊。我們能夠將這些發現類推到品牌嗎？

為了解答這個難題，二〇二〇年我和鄧肯．威利特（Duncan Willett）及蘇姆蘭．考爾（Sumran Kaul），在商業背景下測試了紅跑鞋效應的影響力。我們向一群參與者展示四瓶手工啤酒，雖然不有名，但設計很搶眼。其中三個標籤是用同樣風格設計的，但最後一瓶啤酒的風格明顯不同。接著參與者必須替啤酒品質評分。

與此同時，另一組參與者也看到四瓶啤酒。其中兩瓶來自第一個實驗（包括風格很獨特那瓶）；剩下兩瓶啤酒的風格跟之前風格獨特那瓶一樣。

這個實驗讓我們能夠在一個情境下，比較同一個瓶身設計在順從傳統時和打破傳統時的評分。

就跟紅跑鞋效應一樣，打破傳統的瓶身設計得到的分數比較高。雖然效果比吉諾的實驗還小（分數只高了五%），但被打破的傳統也不大；比較對象只是旁邊其他酒瓶，而不是大規模的社會習俗。很有可能是傳統越大，效果也越大。

三、小心紅跑鞋效應的細微差異

在你急著打破傳統之前，最好反思一下這個偏誤的細微差異。唯有在符合幾個資格準則的情況下，紅跑鞋效應才會有正面效果。

首先，品牌必須有一定程度的定位。沒刮鬍子的教授那個實驗就有展現出這一點。有時心理學家會說，這位教授在知名大學任教，有時又說他任教的大學不是名校。結果發現，不從眾的效益只適用於名校教授。非名校教授若是不從眾，能力評分會比同校的從眾教授還低八%。

這代表**不從眾的行為會提升能力和地位的觀感——但僅限於大家認為此人地位很高時**。這個偏誤會更加凸顯現有地位，但不會改善它。

你必須誠實自問，你的品牌是否具備必要的聲譽，足以利用紅跑鞋效應。這件事說起來容易，做起來很難。人們都很容易高估自己的能力[1]，行銷人員也不例外。

我和行銷機構 The Marketing Practice 合作，調查兩百一十三位行銷人員。結果不言自明：八四％的參與者認為自己的工作表現比同儕更好，還有四五％認為自己「好很多」。

這種過度自信還延伸到他們效力的公司：七九％的應答者認為他們的公司比競爭者更好。此外，我們還請他們想像一個情境：他們跟其他兩家競爭者搶一門生意。結果有七五％的人高估他們成功的機率，超出合理的預測值。所以，若你覺得你的品牌沒有足夠的地位能應用此效應，那你很可能是對的；但是，假如你認為你夠格，那你最好先問一下別人的意見！

四、必須展現出你是故意的

第二個考量是，你必須確保別人認為你是故意打破規範。

這個見解來自一份研究：吉諾請一百四十一位參與者讀一篇短文。短文描述一位名叫查爾斯的男子，他參加高球俱樂部的正式派對，大家都要打黑領帶。短文的描述分為兩種，一種是他打黑色領結（遵守服裝規定），另一種是他打紅色領結（不遵守服裝規定）。此外，參與者也得知查爾斯打破傳統是故意的，或是不小心。

接著參與者要猜測查爾斯在高球俱樂部的地位，以及球技表現。如果查爾斯的不從眾行為是故意的，他的地位會提升一七％（和黑領帶相比），但如果他是不小心違反規定，地位反而會降低五％。

假如你想利用紅跑鞋效應，請確保你對自己有信心。你的受眾必須知道你是刻意為之。其中一種方式就是溢價定價（premium pricing）[2]。學者說道：「行銷非從眾產品時，價格或許是珍貴的驅動力，讓對方覺得你是故意的。非從眾品牌如果採取溢價定價，就表示不從眾的人也買得起傳統地位的象徵物。」

1 作者按：關於我們對自己的能力過度自信，我最喜歡的例子來自南安普敦大學的康斯坦丁．塞迪基德斯（Constantine Sedikides）。二〇一四年，他研究英格蘭東南部一座監獄的囚犯。即使這群人都是惡棍，但他們還是覺得自己比其他囚犯更有道德、更親切待人、更自制、更值得信任、更誠實。

2 編按：透過刻意拉高價位來定價，適用於擁有極強競爭優勢的賣家，給人高人一等、並非人人買得起的優越感。

五、受眾必須熟悉你所打破的規範

第三個左右紅跑鞋效應影響力的條件，就是受眾是否熟悉你所打破的規範。

此見解來自米蘭心理學家的一份研究。他們募集了一百零九位女性，其中有五十二名女性在豪華精品店工作（如亞曼尼〔Armani〕或博柏利〔Burberry〕），其他人則是從附近火車站找來的民眾。

心理學家請參與者讀一篇短文，它描述了一位購物者。有些人看到這位購物者順從服裝傳統：

想像一下，有位女性在冬季走進米蘭市中心一間豪華精品店。她看起來大約三十五歲，穿著洋裝和毛皮大衣。

有些人則看到一位不從眾的女性，穿著運動服和夾克，意外的休閒。

店員對這種環境很熟悉，他們對於不從眾購物者的評分較高。在滿分為七分的量表中，他們給不從眾者四．九分，相較之下從眾者只拿到三．八分。不從眾者的地位高出了二九%。相反的，一般民眾對這種背景通常都不熟悉，所以他們給順從服裝規範者的分數，比不從眾者更高（五．七分比三．五分）。

這份研究顯示出一件事：**對最熟悉你的品牌或類別的人，紅跑鞋效應最大**。

紅跑鞋效應是我最喜愛的偏誤之一，但這不表示你每個活動都要用到它。正如吉諾所示範的，它只會在特定情況下生效——例如你要有一定程度的地位。

然而，假如你在正確的情況下利用紅跑鞋效應，那大家很可能認為你的品牌地位很高。有趣的是，這種提升效果還會外溢到地位觀感之外的領域，這種現象被稱為「暈輪效應」（halo effect），是我們下一章的主題。

第 14 章

暈輪效應——讓品牌更討喜

你發現你必須瞇著眼睛才能看到遠方標誌上的模糊字句，這種情況這週就發生了兩次，所以你預約下午去做視力檢查。但很不巧，平常會去的診所沒開，只好找另一家將就一下。

抵達診所時，櫃臺排隊的人不多。幾分鐘後，驗光師朝你走來並跟你握手。他的手既無力又多汗。你心裡浮現了這樣的想法：難道我不該來這家新診所？他們會跟原本那家診所一樣仔細嗎？

只看一項特質就對一個人的個性下定論……並不是只有你會這麼做。一九二〇年，哥倫比亞大學的心理學家愛德華．桑代克（Edward Thorndike），就已經證明這種判斷方式是很正常的。他請軍官替新兵的三十一項特質評分，包括體格、主動性、忠誠度、整潔度等領域。

桑代克發現，各項評分之間的相關性極高，即使這些特質並不相關。例如長官只要在某項指標（像是外表）給一名士兵高分，他們在其他領域（像是領導力）給這名士兵的分數也會高於平均。桑代克將這種傾向（一項正面特質的評分影響其他正面特質的評分）稱為「暈輪效應」[1]。

當然，證據不是只有這些可疑的相關性而已。一九七七年，密西根大學的理查・尼斯貝特（Richard Nisbett），以及維吉尼亞大學的提摩西・威爾遜，以更嚴謹的方式測試了暈輪效應。

他們請一百一十八位學生看一段影片：一位比利時講師用濃厚的口音講英文。學生被分成兩組。第一組學生看到的講師舉止既溫和又友善。第二組學生也看到同一位講師，但是行為既冷淡又沒人情味。講師在兩個情境下的習慣性動作和口音是一樣的。

接著參與者替講師的討喜度、外表、習慣性動作和口音評分。你應該已經猜到了，溫和講師的討喜度比冷淡講師高出七二%。

然而，學生對他的外表、口音和習慣性動作也比較高分（分別高出一〇〇%、

1 作者按：暈輪效應一般是用來描述某項正面特質，如何影響人們對於其他不相關特質的評價。還有個與此相關的見解叫做「尖角效應」（horns effect），指的是同樣的情況，只是特質是負面的——也就是說，在這個情境下，其他不相關特質的評價會更差。一九七四年，哈羅德・西戈夫（Harold Sigove）和大衛・蘭迪（David Landy）寫了第一份關於此效應的研究。

一〇〇％、五三％）。這就更有趣了：畢竟客觀來說，一個人的討喜度應該不會影響其外表或口音吸引人的程度。但正如桑代克的預測，事實並非如此。

暈輪效應不只影響士兵和學生而已，它也發生於商業情境。我和喬安娜．史丹利（Joanna Stanley）向四百零四位英國人描述一家虛構的蔬果店，並請他們猜測這家店的庫存產品種類有多少。這個實驗的變數在於，一半的參與者聽到這家店的招牌有錯字——撇號撇錯地方。另外一半就沒聽說過這件事。

實驗結果很清楚。聽說有錯字的那組人，認為這家店商品種類很少的比例，比沒聽說的人還高出一七％。

從客觀角度來說，蔬果店的文法能力跟它有多少產品種類無關。然而，人們實際上的反應並非如此。應答者將一個容易注意到的具體因素（粗心的招牌），拿來預測無關卻較難查明的因素（產品種類多寡）。

暈輪效應經常發生，而我們不應該感到意外。畢竟它有很重要的目的：讓人們更容易生活。如果每個品牌都要我們以多個準則來評估，肯定既複雜又耗時，所以，**將品牌最顯著的特質拿來代表其他無形特質，會比較省時。**

正如康納曼所言：「這就是直覺啟發法的本質：當人們面對困難的問題，我們通常會回答比較簡單的答案，而且經常沒察覺其他答案。」

那麼，你可以如何應用這種偏誤？

一、拐彎抹角的達成你的目標

暈輪效應意味著品牌可以拐彎抹角的達成目標。在一個領域取得傑出成功，會影響人們對於不相關特質的觀感，這表示你可以間接改變你想影響的指標。例如你想提升品質觀感的話，可以試著提高討喜度。

但「你可以做這件事」不一定代表「你應該做這件事」。畢竟暈輪效應雖然揭露了許多指標的相關性，但並非等比例變動。如果指標之間並非完全相關，就表示拐彎抹角的方法可能沒有效率。延續上面的例子，你可能大幅提升討喜度之後，品質觀感卻只提升一點點。

所以問題變成：什麼時候值得使用這個戰術？什麼時候採用這種拐彎抹角的方法最為合理？

二、品牌沒沒無聞，最適用暈輪效應

一九六二年，哥倫比亞大學的芭芭拉・科爾圖夫（Barbara Koltuv）發現一種有效應用暈輪效應的方式。她證明了一件事：**當品牌知名度相對低時，暈輪效應特別強烈。**

她對受試者讀一系列角色描述，像是「你了解並喜歡的年輕人」或「你不喜歡也不太了解的老人」。

接著她請他們說出一位符合這項描述的熟人。最後，實驗對象評估這位熟人的四十七項人格特質，例如他們是否好相處、友善、忠誠或善妒。

參與者在描述的人跟自己不熟時，其特質之間的相關性比描述熟人時還大。換句話說，暈輪效應比較強烈。

這意味著暈輪效應在不確定的情況下特別普遍。假如我們跟某個人或品牌沒做過幾次生意，就比較沒機會獨立推斷他的所有特性。因此，當你剛推出一個品牌、或經營低知名度品牌的時候，暈輪效應最為強烈。

三、利用具體資訊，來傳達無形特質

暈輪效應很顯著的第二個（也是比較重要的）情況，就是你提高無形指標的時候。想像一下，某個品牌正在宣傳牙膏，他們說它能夠對抗牙菌斑。在這個情境下，消費者很難評估這些廣告詞的可信度。

購物者要怎麼知道這個品牌是在誇大自己的好處，還是在說實話？這種難度意味著消費者會受到其他資料（比較沒那麼含糊不清）大幅影響。

一九七八年，阿拉巴馬大學的威廉．詹姆斯（William James）調查了含糊特質對於暈輪效應強度的影響。他請參與者替十七座城市的九項特質評分。有些特質很明確，例如人口或年度降雪量；但有些特質就很含糊，像是「夏季宜人度」或「文化活動的品質」。

接著，詹姆斯測量特質之間的相關性。他發現含糊特質之間的相關性遠比明確特質還高（〇．三四比〇．一五）。國際管理發展學院教授、《商業造神》（*The Halo Effect*）作者菲爾．羅森維格（Phil Rosenzweig）說道：「我們傾向於緊握相關、具體、看似客觀的資訊，並對其他更含糊、模稜兩可的特性做出歸因。」

所以請自問：你現在必須提升的是含糊、模稜兩可的品牌特質嗎？如果是，那麼拐彎抹角的方式最為有效。

然而，這個建議又延伸出另一個問題：你應該專注於哪些具體特質？知道何時該利用暈輪效應固然重要，但我們也必須了解該如何駕馭它：如果你想避免直接達成目標，那你應該強化品牌個性的哪個方面？

我們現在已經知道，最關鍵的是該特質的具體性，它必須是受眾能夠輕易領會的特性。其實，有兩個人們會不假思索就做出判斷的特性：**討喜度和吸引力；而且，有實際證據證明它們可以刺激暈輪效應。**

四、善用暈輪效應的方法一：強調品牌吸引力

我們先從吸引力講起。有個由來已久的概念：美感是其他特質的指標。早在一八二〇年，濟慈的詩《希臘古甕頌》（*Ode on a Grecian Urn*）的最後一句就很有名：「美即是真，真即是美——這是你在世上所知道和所應該知道的一切。」濟慈領先了整個時代。現代實驗已經示範過，吸引力是一種具體的特性，人們

會不假思索就對它做出判斷。也有實驗已顯示這項特性能夠駕馭暈輪效應。

一九七二年，明尼蘇達大學的凱倫・迪翁（Karen Dion）請六十位參與者看三張臉部的照片，並判斷他們的性格和人生成就。她問了一些問題，像是：這些人看起來有趣嗎？他們看起來真誠嗎？他們有多麼幸福？

迪翁謹慎挑選了照片：第一個人很有吸引力，第二個人普通，第三個人沒有吸引力。照片中主角的吸引力，影響了他們的特性評價。整體而言，參與者的判斷是：有吸引力者的討喜人格特質多了一六%，而且跟沒吸引力者相比，享有更大的人生成就。

吸引力所帶來的暈輪效應，在現實世界中也有實際證據。一九七四年，多倫多大學的麥可・埃夫蘭（Michael Efran）和E・W・J・帕特森（E. W. J. Patterson）研究了加拿大的聯邦選舉。他們發現**長相好看的候選人，得票數比醜候選人多出兩倍半。**

當然，你或許會認為政治人物的長相跟你的行銷考量沒什麼關係，但已有人證實這項原則（人們會從長相推斷其他特質的強弱）可以應用在商業上。

一九九五年，日立設計中心的研究人員黑須正明和鹿志村香，請兩百五十二位參與者測試ATM使用者介面的二十六種設計。參與者必須根據介面的三個領域評分：外觀、容易上手的程度，以及實際易用性。

研究人員發現，介面越有吸引力，參與者就會覺得它越容易使用。然而，外觀跟實際易用性並不相關。這些研究結果顯示，易用性的觀感會受到美學方面的強烈影響。

這些發現應該會讓行銷人員感興趣。**假如你想要提升無形價值（像是品質），其中一種方法就是提升設計的吸引力。**對行銷人員來說，這在許多方面都是更好處理的事情，因為你可以真的做出一個漂亮的產品，但信賴這種無形價值，你就只能用講的。

五、善用暈輪效應的方法二：提升討喜度

接著，我們來考慮討喜度。就跟美感一樣，人們容易假設討喜的人與產品，也會體現其他正面特質。

二〇〇一年，佛羅里達史丹森大學的卡羅琳・尼克爾森（Carolyn Nicholson）、

紐約克拉克森大學的賴利・康波（Larry Compeau）和拉傑許・塞蒂（Rajesh Sethi），探索了業務代表和買家、討喜度和可信度之間的關係。

他們請兩百三十八位業主和總經理，替各自的主要供應商業務代表的討喜度和可信度評分。研究結果顯示，討喜度會大幅影響他們的可信度；分數越高，他們就認為業務代表越值得信賴。

而且這次也一樣，證據並不只有這些相關性。我和史丹利募集了一百六十一位參與者，並跟他們講了一個去餐廳吃飯的故事。講完之後，我們問參與者，店主準時繳稅的機率有多高。

這個實驗的變數在於，我們告訴其中一半的人，店主以友善的態度歡迎他們，但告訴另一半的人，他是臭臉待人。即使友善程度跟財務誠信並沒有真正相關，它還是影響了參與者的觀感。當店主待人友善的時候，人們覺得他準時繳稅的機率，會比他待人冷淡時還高出八％。

正如羅森維格的預測，評估無形的特質是很棘手的，所以人們會在不知不覺之間，用一個更簡單的問題來代替（像是「這個人討喜嗎？」），再用相關的答案來評估。

這個發現在實務上也可以應用。在許多情況下，品牌必須改善大家對其無形特質的觀感，像是信賴或品質。行銷人員太常正面進攻，但這是錯誤的舉動。你讀到的這些實驗都告訴你，你應該要拐彎抹角的行事，並且提高討喜度。

幸運的是，這個指標還算容易提升。在一個三十秒的廣告中，品牌能夠讓受眾歡笑，並且表現得既風趣又討喜，公司可以將這些特性展現出來。然而，信賴或品質就只能用宣稱的，這樣可信度就低很多。

前面關於討喜度的討論，或許讓你不禁自問：討喜說起來很容易，但該怎麼展現？這才是真正的挑戰，也是下一章的主題。

第 15 章

正確使用幽默感

你的體力正在下滑，於是你離開公司去攝取咖啡因，喝杯濃縮咖啡讓自己振作起來。喝完咖啡之後，你向服務生示意，比出簽名的手勢跟他要帳單。

等待付帳時，你仔細考慮該付多少小費。你手上的零錢不多，大概可以給個一〇%或二〇%。你試著回想店內員工的服務態度：服務生很親切，甚至還能講出一、兩個笑話——於是你決定給二〇%。

不是只有你對服務生的親切態度有這種反應。吉根教授的研究顯示，會講笑話的服務人員，比較容易得到更多小費。

二〇〇二年，吉根對海邊一間酒吧的兩百一十一位顧客做了一個實驗。客人喝完濃縮咖啡之後，服務生拿帳單過來。有些帳單有印一則笑話，有些則沒有；這則笑話如下：

有個愛斯基摩人在電影院門口等他女友等很久了，天氣越來越冷。過了一陣子，冷到發抖且怒氣衝天的他，從大衣裡拿出一個溫度計。他大聲說道：「如果到十五度她都還沒來的話，我就要走了！」

對照組（沒看到笑話那組）有一九%給了小費。相較之下，看到笑話的顧客有四二%給了小費。幽默感也會影響小費的金額——看到笑話的顧客給了二三%的小費，沒看到笑話的顧客給了一六%小費，前者顯然比後者多。

這個研究很有趣，因為它顯示出幽默感可以增加商業營收。但這件事聽起來理所當然，好像不必特別聲明；難道廣告人員不知道嗎？或許以前知道，但我們這個產業隨著歲月流逝，變得越來越正經八百。

根據市場研究顧問機構凱度（Kantar）對全球超過二十萬個廣告的分析顯示，這個趨勢從十五年前開始。二〇〇四年，五三%（只過半一點點）的廣告很好笑或愉快（或至少試著營造此效果）。但這個比例正在穩定下滑，**現在的廣告比以前還嚴肅，只有三四%試圖展現幽默感。**

比例下滑的原因不明。有可能是因為活動越來越國際化，害怕有些笑話外國人聽不懂。另一個貌似有理的解釋是，自以為符合品牌訴求的嚴肅廣告變多了，因此

表 5　幽默廣告的比例正穩定下滑

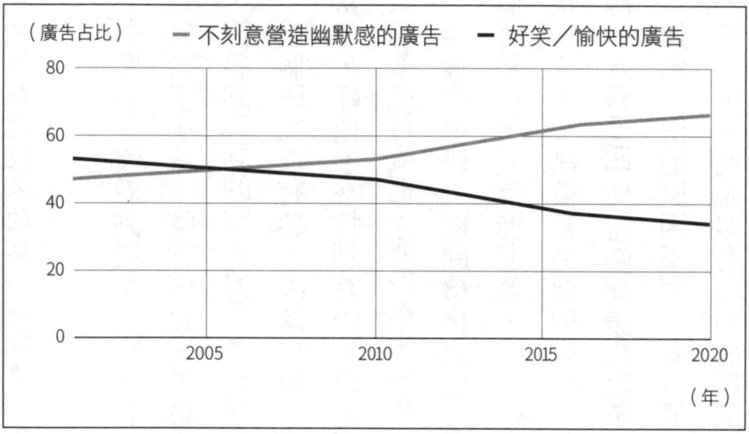

資料來源：改寫自凱度的分析。

使人發笑的機會便隨之下降。

甚至還有人主張，廣告獎項的評審團（由國際專家組成）喜愛視覺更勝言語。由於廣告代理商會利用他們的得獎紀錄來招攬生意，所以為了得獎，追求幽默的廣告就減少了。

但無論理由為何，避免幽默感的做法仍可能是錯的，原因有很多。首先，好笑的東西很難忘。

二〇一四年，加州羅馬琳達大學的古德．貝恩斯（Gurinder Bains）與他的同事，對二十位年長者做了一項研究。所有參與者都做了一個測驗，以確認他們的基本記憶力。測驗內容是記住一些單字，接著其中一半的參與者觀看二十分鐘的幽默影片，另一半（對照組）則安靜坐著二十分鐘；心理學家們接著再做了一次記憶測驗。結果，兩組人的基本分數都有所提高，但看過喜劇那一組人，記憶力提升的幅度是對照組的兩倍多——四四%：二〇%。

其實，幽默感不只在實驗環境下會增強記憶力，在實際應用上也相當有效。特拉維夫大學心理學家阿夫納·濟夫（Avner Ziv）對於上統計課的學生做了一項研究，此研究發表於二〇一四年的《實驗性教育期刊》（*Journal of Experimental Education*），學生被分成兩組。有一組學生使用的課程教材很幽默，另一組學生的教材則中規中矩。最後實驗結果很清楚：使用幽默教材的學生，統計測驗成績高出一一%。

這些發現該怎麼應用於廣告，其實並不難想像。任何廣告人員的首要目標，就是讓廣告難忘：**顧客如果記不起你的品牌，就根本不會考慮購買。**

但是逗笑顧客之所以對你有益，還有一個理由：**「風趣」和「地位」有強烈連結。**二〇一七年，T·布拉德福德·比特利（T.Bradford Bitterly）、艾莉森·伍德·

布魯克斯（Alison Wood Brooks）、莫里斯．E．史懷哲（Maurice E. Schweitzer）做了一項研究，他們請參與者替虛構旅遊公司 VisitSwitzerland 寫推薦文，並一一報告給大家聽。

這群人不知道頭兩位報告者其實是研究人員。其中一位寫的推薦文很直接，介紹了當地山脈，還有它們多麼適合滑雪和健行。另一位則增添了一點幽默感：「這幾座山都很適合滑雪和健行，而且瑞士國旗更是大加分！」[1]

參與者替報告者評分時，風格略為輕鬆的人，「可勝任」分數高出五%，「自信」分數高出一一%，「地位」分數高出三七%。

但證據並不只有這些單次的研究。雖然個人研究很實用，最穩固的證據仍來自統合分析。有一位研究人員梳理了所有現存的高品質研究，並利用各種統計技術結合研究結果，以找出共同模式。

關於幽默感在廣告中扮演的角色，最近期的統合分析出自二〇〇九年的馬丁．艾森德（Martin Eisend），他是奧德河畔法蘭克福歐洲大學的行銷教授。他設法找出從一九六〇年到二〇〇四年間發表、探討此主題的高品質論文。

艾森德發現了七個統計上顯著的相關性。幽默的廣告跟以下指標有著顯著且有益的相關性：

- 對於廣告的態度。
- 對於品牌的態度。
- 注意力。
- 正面情緒。
- 負面情緒的減少。
- 購買意願（最重要）。

然而，有一個相關性是負面的：可信度。

幽默廣告和「改善人們對於廣告的注意力和態度」，兩者之間的連結最為強烈。

1 譯按：雙關，瑞士國旗中間的十字架很像一個大加號。

不有學者發現了幽默的好處，比奈和彼得・菲爾德（Peter Field）分析過兩百四十三份角逐二〇一二年到二〇二〇年IPA效能獎（IPA Effectiveness Awards）的個案研究。他們發現，包含幽默元素的活動，產生了一・七個非常大的商業效果，相較之下，不幽默的廣告只產生了一・四個。

那麼，你可以如何應用這種偏誤？

一、多將幽默當成戰術

有充分的證據顯示，行銷人員捨棄幽默感是錯誤之舉。一般來說，如果你想引起人們注意、產生正面聯想，或是增加購買意願，那麼以幽默的方式來傳播訊息，就是一種有效的戰術，而且這是受到有利證據支持的。

品牌如果聽從馬丁・博斯（Martin Boase，傳奇廣告代理商BMP的創辦人）的建議，就能夠生意興隆：

我們認為，假如你去拜訪別人家，你不應該對他們吼叫、打擾，或汙辱他們的智商。另一方面，假如你是有魅力的客人，可以娛樂、逗笑他人，或告訴他們有趣的事情，那他們就會更喜歡你一點，也就更可能選擇你的品牌。

二、改用幽默態度傳達令人不快的事情

然而，我們不只要問幽默感「是否」有效，也要問幽默感何時有效。

在某個情況下，幽默感特別有效——你傳達的話題令人不快時。例如，一家健身房對「沙發馬鈴薯」[2]打廣告，說明久坐的生活習慣有多麼危險。在這種情況下，你的計畫有可能被鴕鳥心態（ostrich effect）打亂，意指人類傾向逃避負面訊息。

跟這個偏誤最相關的證據，來自二〇〇九年卡內基美隆大學的洛溫斯坦及杜恩・塞皮（Duane Seppi）做的一份研究。他們研究美國和瑞典的股市投資人，有多常使用瑞典養老金管理局和先鋒領航（Vanguard）投資管理公司的登錄資料，來檢查自己的投資組合。

2 譯按：couch potatoes，喜歡窩在沙發上看電視的人。

兩位心理學家發現，投資人的行為模式會隨著股市上漲跟下跌而不同。當股市上漲一%，檢查自己投資組合的美國投資人會多出五～六%，瑞典人則多出一%。他們總結道：「人們**不想暴露於令自己心理不安的資訊之中**。」

幽默感在此處有派上用場的潛力。假如人們面對不想要的資訊時，會把頭埋進沙子裡，那幽默感能夠抵銷這種消極態度嗎？

二〇一二年，墨爾本地鐵的公共安全訊息「愚蠢的死法」（Dumb Ways to Die）就是如此。

地鐵公司想減少年輕人的軌道事故次數，但他們知道，假如把危險描述得太生動，可能會嚇到大家，也就不會認真看待這回事。

於是他們創作了一段既病態又好笑的歌，描述各種毛骨悚然的死法；其中，被列車撞死是「最蠢的死法」。

替沒聽過這首歌的人介紹一下，它開頭的歌詞帶有一股黑色幽默的味道：

點火燒頭髮，

拿棍子戳灰熊，
吃過期的藥，
用私密部位當食人魚的餌，
愚蠢的死法，
愚蠢的死法何其多……

這首歌的影片觀看次數高達兩億次，也是史上最多人分享的公共安全訊息，共有五百萬人轉傳給朋友。最重要的是，它改變了大家的行為。廣告播放後三個月內，事故跟去年同時期相比減少了二一％。

廣告產業最受尊崇的計畫人之一莎拉．卡特（Sarah Carter）說得非常好：

任何曾經把湯匙裝成飛機、成功哄騙幼童吃飯的人都知道：假如你能讓對方卸下心防，你就能說服他。所以請保持玩心。大家都喜歡這種做法，而且很有效。

三、對粉絲傳遞的訊息，以幽默為優先

並不只有令人不快的訊息能夠藉由一絲輕鬆而受益。幽默感在另一種情況下也能發揮效果，就是當你的品牌很強，或者目標是粉絲時。此時，幽默感的正面效果會放大。

這個方法的證據來自於一九九〇年，加拿大麥基爾大學的阿米塔瓦．查托帕迪亞（Amitava Chattopadhyay）和庫納爾．巴蘇（Kunal Basu）所做的研究。他們先請八十位參與者讀一段不知名鋼筆品牌的描述，但其中有一半的人讀到的是熱烈讚美，另一半讀到的是咒罵。

接著，所有參與者看了一則鋼筆的電視廣告：其中一半的人看到幽默的版本，另一半看到不幽默的版本。兩個版本在其他方面無異。

看完廣告之後，參與者回答了一系列問題。最後，實驗接近尾聲時，參與者收到一份謝禮：他們可以從四支筆中挑一支帶回家，而四支筆裡頭包含那支廣告中的筆。在兩個情境下，挑選廣告中那支筆的人數比例如表6所示。

哪一則廣告比較有效，取決於參與者先前對於品牌的印象。如果他們相信這支

筆是高品質的，那麼幽默的廣告就遠比不幽默的還有效。

然而，如果參與者對鋼筆品牌有負面印象，情況就會顛倒。在這個背景下，不幽默廣告明顯比幽默廣告更有效。

這份研究替我們的建議增添了細微差異。當品牌已經有一定支持度，或目標客群是那些本來就挺你的人，幽默感最為有效，但假如你的品牌在掙扎求生，那最好還是別搞笑。

四、心情，影響對笑話的理解力

最後一組實驗的主題，是該怎麼將好笑廣告的影響力發揮到最大。最有趣的發現之一，來自一份一九八一年的研究，主導者是奧斯汀德州大學的

表 6　品牌印象好壞，會影響對幽默廣告的反應

	看幽默廣告的人	看不幽默廣告的人
品牌印象正面	67%	40%
品牌印象負面	20%	38%

資料來源：改寫自查托帕迪亞和巴蘇的研究。百分比指的是挑選廣告中那支筆的人數。

法蘭克・威克（Frank Wicker）。他想知道心情會如何影響人們對笑話的理解力。威克先請一百二十五位參與者替自己的心情評分。接著，他請他們讀三十七個笑話，並替其好笑程度評分，尺度從「一點都不好笑」到「超好笑」。而威克發現，參與者心情越好，給笑話的分數就會越高。所以，請你以心情好的人為目標吧。

不過，明略行公司（Millward Brown）於二〇〇七年發表的論文《我應該在廣告中運用幽默感嗎？》（*Should I use humour in advertising?*），對此提出了警告。他們主張，雖然幽默感會使人更愉快、更有參與感，但它必須與核心訊息一致，才能發揮最大的效果。如果幽默感與關鍵訊息無關，廣告的笑點就可能喧賓奪主，蓋過你的品牌。因此，請明智的使用幽默感——這樣才能同時提升品牌的記憶度和地位。但你的風格也要保持一致，否則最後可能得不償失。

我們已經來到行為科學之旅的尾聲了，還真是令人意猶未盡。但在我們結束之前，我還有一組實驗想與你分享。我認為這些研究是本書中最有趣的幾個。希望你也有同感。畢竟，結尾就是要有高潮才夠味。

第 16 章

峰終定律：用「高潮」結尾

今天有夠忙，你努力做完一大堆工作、出門購物、甚至還做了視力檢查。你仔細思考今天發生的事情，然後想起自己在客戶會議上的失禮，還真尷尬。那位你沒認出來的客戶到底叫什麼名字？安？安娜？安雅？還是安娜貝拉？

你還是記不太清楚，不禁暗罵自己太健忘。

即使只是一天內的事情，你的記憶還是零零落落，但這很正常。敏銳的觀察者很久以前就注意到這種記憶力方面的古怪之處。英國小說家珍．奧斯汀（Jane Austen）在《曼斯菲爾莊園》（*Mansfield Park*）中寫道：

有時強大、有時健忘、時好時壞的記憶力，不可言喻之處似乎比我們其他智識還多。記憶力有時是多麼的強大、實用、順暢；有時又是多麼的困惑和薄弱；還有些時候，它是多麼的暴虐和失控！

我們的大腦沒有足夠容量儲存每一刻，只會記得事情的片段。作家米蘭．昆德拉（Milan Kundera）在他的著作《不朽》（*Immortality*）中就反映了這個傾向：「記憶不是拍電影，而是拍照片。」他的意思是說，我們只記得事件的概況，而不是整體。

由於我們的記憶是選擇性的，所以每個人對整體事件的記憶都不同，取決於我們腦海中留存的特定要素。

至於我們會記住哪些時刻，心理學提供了有幫助的指南。在本章中，我想討論一個理論：「峰終定律」（peak-end rule）。它的意思是說，**我們容易記住一段經驗中最愉快（或最不愉快）的部分，以及最後一刻。**

最早的證據來自二〇〇三年的一次實驗，主導者為多倫多大學的教授唐納德·雷德梅爾（Donald Redelmeier），以及當時在加州大學柏克萊分校任教的丹尼爾·康納曼。

兩人針對大腸鏡檢查病人做了一個試驗。執行大腸鏡檢查時，醫生會將一個可彎曲的攝影機塞進你的直腸，尋找發炎的組織或息肉，真的很不舒服。

兩位心理學家請志願者拿著手持裝置，記錄自己在檢查過程中每分鐘的痛苦程度。事後病人對於檢查不舒服的程度給出兩種評分：一種是檢查後立刻給，另一種是一個月後才給。

有趣的是，他們的記憶跟他們體驗到的平均痛苦程度，並不太相符。反而是在兩種特定時刻下，病人的記憶比較好預測：痛苦達到高峰強度時，以及過程最後感受到不快時。

所以，痛苦的大腸鏡檢查能夠給你什麼啟示？

一、聚焦於重要的時刻

「有些時刻比其他時刻更重要」，這個發現是很有幫助的，因為它指引我們該把心力放在哪裡。

但你可能會問說，大腸鏡檢查跟你的日常工作有什麼關聯？這個發現能應用於品牌嗎？

這種反駁很中肯，但已經有人證實，峰終定律在許多情況皆適用。最切題的或許是二〇〇八年達特茅斯學院的三位心理學家——艾米．陶（Amy Do）、亞歷山大・魯珀特（Alexander Rupert）和喬治・沃爾福德（George Wolford）所做的實驗，他們想看看峰終定律是否能應用於商業情境。

陶和她的團隊安排了一次慈善抽獎，只要有捐款的人都有機會抽中DVD。事後，研究人員寄電子郵件給其中一百位抽獎人，告訴他們已經中獎了，並請他們從預先決定好的DVD中挑一部。

有些人看到的是評分很高的電影（片單A），其他人則看到比較普通的電影（片單B），評分皆來自影評網站爛番茄（Rotten Tomatoes）。

接著，研究人員詢問參與者對DVD的滿意程度（滿分為七分）；毫不意外，片單比較好的那組人比較滿意。看到片單A的人，平均給分是五・二一，相較之下，另一組人只給二・五七分。

到目前為止都還滿好預測。但接下來才是精妙之處。研究人員給半數參與者機會，可以從另一張片單多挑一片DVD。所以現在有四個組別了。你可以在下頁表7中看到他們的評分差異。

此實驗結果與康納曼和雷德梅爾的發現（結尾的力量）相符。如果比較挑了兩片DVD那兩組，就會發現先挑普通片單那組分數比較高。即使兩組人的獎品一樣，但順序很重要——以高潮結尾的那組，對DVD的滿意度高出一六%！

這項研究引起我的興趣，於是我在二〇二〇年設計了一項測試，想看看峰終定律是否會影響廣告。我跟Unruly廣告公司的艾力克斯·馬奎爾（Alex Maguire）合作，先蒐羅曾經被AI軟體公司Affectiva的「逐秒面部編碼」技術分析過的廣告。這套方法會根據受眾的反應，替廣告打分數。

我們挑了九個總分相同的廣告。不過我們基於它們的逐秒分數，將它們分

表7　挑選片單順序不同，影響體驗分數

組別	描述	平均分數
A	從較佳的片單中挑一片 DVD	5.21
B+A	從兩張片單中各挑一片DVD（先挑普通的片單）	4.82
A+B	從兩張片單中各挑一片DVD（先挑較佳的片單）	4.14
B	從普通的片單中挑一片 DVD	2.27

資料來源：改寫自陶、魯珀特、沃爾福德的研究（2008 年）。

成三組。這三組分別是：

- 首尾一致的廣告，從頭到尾都很高分。
- 起伏很大的廣告，分數的高峰和低谷很明顯。
- 以高潮收尾的廣告，高峰時刻在結尾處。

接著，我們募集五百七十九人來看廣告，一週後再問他們記得多少。我們發現有一個很清楚的模式：廣告記憶方面，二三%的人記得首尾一致的廣告，三一%記得起伏很大的廣告，三三%記得以高潮結尾的廣告。

我們觀察到品牌記憶也有類似模式：一〇%的人正確記得首尾一致的品牌，三二%的人記得起伏大的品牌，二一%的人記得以高潮結尾的品牌。

在兩種指標中，善用峰終定律的廣告都更加難忘。現在你了解峰終定律了，那麼你該怎麼做？當你思考品牌體驗時，有三種戰術可以應用：

- 填補低谷（也就是將低谷極小化）。
- 擴大顛峰（也就是凸顯高峰）。
- 以高潮結尾。

讓我們來詳細討論這幾個戰術。

二、先填補低谷

這三種戰術當中，填補低谷是最優先的。你必須找出體驗中最糟糕的部分，並且盡可能改善它。

這是最重要的步驟，因為人們展現出一個負面偏誤：在重要性相同的情況下，**負面資訊對我們的影響比正面資訊還大**。原因有兩個。

第一，我們比較容易記住負面資訊。一九九一年，加州大學柏克萊分校的菲莉西亞．普拉托（Felicia Pratto）做了一個實驗，驗證了這件事。她請參與者讀一份人格特質清單：正面和負面的特質各二十個。當他們試著盡可能記住多一點特質的時候，記住正面特質的機率是負面特質的兩倍。

第二，即使是比較好記的事情，我們還是傾向將負面資訊看得比同等的正面事件還重。一九六六年賓州大學謝爾．費爾德曼（Shel Feldman）所做出的研究結果是最好的例子；費爾德曼請參與者讀一份關於某人的描述，並請他們替這位虛構對象的吸引力評分。

有時參與者看到的描述是正面特質，有時是負面特質，有時是兩者皆有。不過，綜合評論的總分總是低於單純的平均值。費爾德曼主張，此結果展現出負面資訊在人們心中的權重高於正面資訊。

我們的消極態度或許和人類進化的根源有關。美國凱斯西儲大學的心理學家羅伊．鮑邁斯特（Roy Baumeister）說道：

> 把壞事看得比好事還重，是一種進化層面的適應力。我們認為在整段進化史中，對壞事更敏銳的生物更可能在威脅下生存，進而增加傳宗接代的機率。

證據清楚顯示，你應該優先填補低谷。但實際上該怎麼做，取決於你的品牌；不過，我們可以先看看一些例子，讓概念更加具體。

我們先從迪士尼開始講起。如果你去過他們的遊樂園，就知道光是排隊就要占去一大堆時間——高人氣的設施可能要等將近兩小時。於是，迪士尼必須娛樂這些排隊的人，藉此填補低谷。

例如，等著搭小飛象（Dumbo）設施的人會收到一個呼叫器，輪到自己搭的時候，呼叫器就會嗡嗡響。與此同時，遊客可以帶小孩去小飛象的主題遊戲區，它位於一個馬戲團大帳篷內，真是再適合不過。

而且在迪士尼樂園排隊，並不是只有小孩得到娛樂。在幽靈公館（Haunted Mansion）排隊時，你會看到五座雕像，每座雕像都附上一塊牌子，概述他們的灰暗死因。你的任務就是要利用線索，猜出是誰殺了他們所有人。

迪士尼花了很多錢來娛樂排隊的人，但其實，解決方案不一定要砸大錢，有時候只需要一點水平思考。

這種另類思考有個可愛的例子，來自二〇〇〇年初期的休士頓機場。到了領行李的時候，旅客早就已經累翻了，還要等待平均八分鐘的時間領行李，簡直就是在考驗他們的耐性；所以，乘客在行李輸送帶前總是抱怨連連，令管理階層很困擾。

最後，管理階層的解決方案幾乎沒花半毛錢。他們重新規畫了乘客通過護照檢查後的動線，所以旅客必須走更多路。事實上，他們要多走八分鐘，表示他們抵達輸送帶時，行李已經到了。

即使他們拿到行李的時間是一樣的，抱怨卻大幅減少。《紐約時報》（*The New York Times*）報導休士頓機場重新設計的記者艾力克斯．史東（Alex Stone）說道：「等待的體驗，只有一部分是由客觀等待時長而定。」更重要的是觀感，而**乾等的感覺，遠比邊等邊做事更漫長**。

迪士尼和休士頓機場的例子，展現出優先填補低谷的價值；有太多公司不想處理產品中令人不悅的部分。對行銷人員來說，擴大高潮通常都比較令人興奮，但證據顯示，這個起跑點是錯誤的。

三、擴大顛峰

你必須先處理完低谷，才可以執行下一步：擴大顛峰。

很簡單嗎？或許吧。但有多少品牌真的應用這種思考？大多數的品牌都企圖在顧客體驗的每個方面做出微小改善，但這樣反而分散了心力，讓自己變得很平庸。畢竟，若想讓所有事情都大幅改善，要花的金額恐怕是天文數字。

因此，你更應該專注於真正出色的時刻。

我們再來看一個例子，這次是魔堡旅館（Magic Castle），奇普・希思和丹・希思的暢銷傑作《關鍵時刻》（*The Power of Moments*）中有介紹過這間飯店。

魔堡旅館被 Tripadvisor 評為洛杉磯十大旅館之一。三千五百一十二則評論中，高達九三％的評論為「非常好」或「優秀」，比例高過知名的比佛利山四季酒店（Four Seasons）。

許多方面來說，它的成功很令人意外，因為這間旅館平淡無奇，不僅裝潢過時、套房簡樸，游泳池還很小（而且還挺貴的）。我有嘗試訂過一間單人房，一晚竟要兩百五十四英鎊，一點也不魔幻，跟頂級的萬豪酒店（Marriott）差不多貴！

但這間旅館熟練的應用了峰終定律。他們並沒有創造出始終如一的體驗，而是聚焦於一、兩個出色的時刻。其中一個時刻是「冰棒服務熱線」。

任何時間、不分日夜，你都可以在拿起泳池旁的老派紅色話筒，打這支服務熱線。然後，一位戴著白手套的男士就會迅速現身，手上端了一個銀盤，上面放著各種口味的冰棒。

這就是在創造出色的時刻（而不是稍微改善日常服務），讓客人留下很棒的回憶，並選擇給予好評。

不過，要是建議你擴大顛峰，你可能會冒出更多問題，尤其是：「要怎麼做才能創造出很棒的時刻？」其中一個因素是「驚喜」。想想魔堡旅館，假如你有住過飯店，住宿體驗大致如何你自然心裡有數；但是魔堡旅館**違背了你的期待**，超出預期，令你一生難忘。

這可不是猜測。德州貝勒醫學院的學者瓦尼．帕里亞達斯（Vani Pariyadath）和大衛．伊格曼（David Eagleman）做了一個實驗，展現出驚喜的重要性。二〇〇七年，他們請八十四位參與者看九張照片，每張照片會閃現三百到七百毫秒。其中八張照片是相同的單調圖片：一雙褐色鞋子，但有一張是驚喜：一個鬧鐘。

接著，兩位學者請參與者判斷圖片顯示了多久（跟前面的圖片相比）。結果他們判斷驚喜圖片的顯示時間，比實際顯示時間還長一二%。這個關鍵發現又被稱為「奇異效應」（oddball effect）。

所以，請專心打造一個顛覆受眾期待的顛峰吧。你有沒有跟冰棒服務熱線一樣的好料？

四、以高潮結尾

峰終定律的最後一種應用方式最為簡單，就是——以高潮結尾。品牌通常有個傾向，就是專注於創造很棒的第一印象。雖然這很重要沒錯，但雷德梅爾和康納曼的研究成果顯示，**對於記憶來說，高潮結尾更加重要。**

那麼，有誰是這方面的專家？

又是迪士尼。它們將這個概念應用於主題樂園上的能力，簡直可稱為大師了。當你開始排隊搭設施，會有一個數位螢幕估計你要等多久。不過，幫助遊客在迪士尼樂園玩得盡興的網站 TouringPlans，比較了螢幕顯示的等待時間和實際等待時間後，發現每個螢幕顯示的等待時間其實都高估了。原來迪士尼一再警告的排隊時間，竟比實際等待時間還長。

乍看之下這很令人驚訝：為什麼一個品牌要誇大自己的問題？但假如你按照峰終定律來思考他們的行動，就會覺得這很合理。**只要高估排隊時間，遊客的體驗就會以高潮結尾**：排隊四十五分鐘固然令人不爽，但假如你原本預期要排五十分鐘，怒氣就會降到最低。

迪士尼並不是唯一應用峰終定律的品牌。餐廳 Flat Iron 對於這個概念有自己的玩法。Flat Iron 是擁有十間店面的牛排連鎖餐廳，二〇一二年創立於倫敦，創辦人是查理．卡羅爾（Charlie Carroll）。

結帳之後，服務生會給你兩把迷你牛排刀飾品，請你離開時交還給門口的員工。這樣做的話，你就會得到一支鹹味焦糖冰淇淋甜筒。這個驚喜確保你的用餐體驗將以高潮結尾。

但說到效果很強的結尾，我最喜歡的例子或許是一個電影傳統：片尾名單後的連續鏡頭，有時被稱為「尾後針」（stinger）[1]。這招是利用額外的片段作為獎勵，引誘觀眾看完片尾名單。

這種趨勢從龐德（Bond）電影慢慢開始，自一九六三年的《第七號情報員續集》（*From Russia with Love*）之後，每一部正片演完之後都會包括一段簡短的訊息：「詹姆士・龐德將於XXX回歸。」

然而，一直到了一九七〇年晚期，導演才開始充分利用這個概念，添加了更輕鬆愉快的色彩。一九七九年，《大青蛙布偶電影》（*Muppet Movie*）打破第四道牆，讓角色重新出現並跟觀眾對話。最難忘的就是「動物」（Animal）這個角色，對著還逗留在電影院的觀眾大吼：「回家了！回家了！掰啦！」

一九八〇年代，有些電影開始在正片之後撥放刪減片段，例如《炮彈飛車》（*Cannonball Run*）。後來皮克斯動畫巧妙的諧仿了這種NG鏡頭，在《蟲蟲危機》（*A Bug's Life*，一九九八年）、《玩具總動員2》（*Toy Story 2*，一九九九年）、《玩具總動員3》（*Toy Story 3*，二〇一〇年）的片尾都有播放——當然，沒有一個鏡頭是真的NG，都是特地做出來的動畫。

最棒的例子或許是一九七八年約翰・蘭迪斯（John Landis）執導的《動物屋》（*Animal House*）。正片結束後，有個片段上演了角色接下來發生的事情。其中一個角色貝絲（Babs）找到了新工作：環球影城的導遊。

片尾名單播完之後，出現一則靜止的廣告：「來好萊塢玩，就要去環球影城（記得找貝絲）」。直到一九八九年為止，只要照著這個密語去做的人，就可以得到折扣作為獎勵。

峰終定律能夠幫助行銷人員，因為它指引我們，讓我們知道該把焦點放在哪裡。**你必須確保自己填補了低谷，接著再擴大顛峰，最後則務必要以高潮結尾。**

峰終定律就是本書的最後一項實驗，希望大腸鏡檢查和NG鏡頭的故事，有讓本書以高潮結尾。

1 編按：臺灣又稱電影彩蛋。

結論
別相信任何人說的話，這就是行為科學

王家學會（Royal Society）是英國最卓越的科學院，一六六〇年成立於倫敦。它促成了歷史上一些知識方面的偉大進步。

它出版了牛頓（Isaac Newton）的《自然哲學的數學原理》（*The Principia*），並且資助詹姆士．庫克（James Cook）前往大溪地觀測金星的運行，以協助測量太陽系的大小。

但對我們來說，最有趣的是它的指導原則，囊括在它的格言之中：「*Nullius in verba*」，它的意思是：別相信任何人說的話。

這個學會的核心（同時也是科學本身的核心）就是一個概念：光是權威並不足

以建立真相。

這就是我喜愛行為科學的原因之一：沒有事情是光憑權威就可以證明的。沒有人是他說了就算的，即使是康納曼、塞勒這些諾貝爾獎得主也一樣，每件事都必須用實驗證明。

我們討論過的發現都有證據支持，這對於許多行銷或商業理論來說都是一種改善，因為它們通常都建立在漂亮話之上，而不是真確的資料分析。

當然，我們的決策最好是基於行為科學的穩固基礎，而不是猜測。但穩固的見解，也要懂得使用才有價值。所以，請用這些見解來思考行為科學所歸納的人性，並將它們應用於行銷中，使你能夠更有效的改變別人的行為。

本書數百頁的篇幅涵蓋了非常多實驗，希望它們能夠激發你的靈感，使你在行銷方面做出務實的改變。

然而，即使我們已經談過十六．五個大方向的概念（如果你有另外讀過《我就知道你會買！》，那你又多了二十五個值得深思的見解），但還有很多沒討論到的概念。

心理學研究可回溯到一八九〇年代。從那時起已經存在了成千上萬個實驗。我們分析過的實驗，只不過是整體研究成果的一小部分而已。

所以，請別在這裡停下腳步。還有很多事情等著你去發掘。為了替你指點迷津，我在第二六五頁推薦八本書，你可能會想接著讀……。

推薦閱讀

・**《我就知道你會買！》（*The Choice Factory*），理查・尚頓，二〇一八年**

或許我對這本書有點偏心，但假如你很喜歡《自由選擇的錯覺》，那你應該也會欣賞《我就知道你會買！》。

在本書中，我找出二十五個會影響消費者決策的行為偏誤。每個偏誤都有附上學術證據、我做過的實驗（展現這些研究是跟商業有關的），以及最重要的——實務應用。

・**《人性煉金術》（*Alchemy*），羅里・薩特蘭，二〇一九年**

羅里・薩特蘭寫的東西全都值得一讀。他有獨特且豐富的想像力，所以就算是討論你很熟悉的偏誤和實驗，他的另類解讀也會令你驚喜。如果比起閱讀你更喜歡用聽的，他也是許多 Podcast 節目的常客。

- **《盲視效應》**（***Blindsight***）**，麥特．強森（Matt Johnson）和普林斯．古曼（Prince Ghuman），二〇二〇年**

  大多數行為科學書籍都把讀者當成通才，但本書特別有趣，因為它闡述了這個主題對於行銷的重要性。

- **《零阻力改變》**（***How to Change***）**，凱蒂．米爾克曼，二〇二一年**

  米爾克曼是行為變化的重要權威之一。我們在本書一開始有討論過她的研究成果，也就是「新起點效應」（fresh start effect，詳見第二十七頁）。

- **《原子習慣》**（***Atomic Habits***）**，詹姆斯．克利爾（James Clear），二〇一八年**

  所有談習慣的書籍當中寫最好的，沒有之一。完美混合了故事和研究，從專業與個人角度來說都很寶貴。你可以在這個網站讀到他的許多文章：jamesclear.com/

articles。

・《洞悉價格背後的心理戰》(*Priceless*),威廉・龐士東(William Poundstone),二〇一〇年

我在《我就知道你會買!》之中就推薦過這本書,所以如果你覺得我有點灌水,我向你道歉;但是,沒有任何談定價的書籍能跟龐士東的著作匹敵,這本書既有趣又能增廣見聞。

・《關鍵時刻》(*The Power of Moments*),奇普・希思和丹・希思,二〇一七年

希思兄弟寫了許多出色的書籍,探討心理學概念的商業應用。他們更早的著作《創意黏力學》,調查了讓訊息傳播更難忘的方式。雖然這本書也很優秀,但我更推薦《關鍵時刻》,因為它寫得一樣好,跟其他心理學書籍的重疊之處比較少,而且我寫本書時,也參考了該書的許多內容。

・**《數據、謊言與真相》（*Everybody Lies*），賽斯・史蒂芬斯－大衛德維茲，二〇一七年**

這是二〇一七年我最喜歡的著作。本書探討了行為科學的主題之一：光憑別人自己講的動機，無法了解其實際行為。但他不僅指出問卷調查和焦點團體的風險，還提出搜尋量分析作為替代戰術。

本書參考資料
請掃描QR Code

致謝

本書提及的研究參考了過去五年來的實驗成果，在這段期間，我受到許多人幫助。第一年，勞倫・利克－史密斯（Lauren Leak-Smith）提供我無價的協助。從那時開始，喬安娜・史丹利就不知疲倦的工作，找出應該包含在本書中的研究，並分析它們的關鍵發現。沒有她，這本書就寫不出來。

本書的實際寫作時間並不長，但我還是得到不少幫助。尼克・弗萊徹（Nick Fletcher）、克雷格・皮爾斯（Craig Pearce）、克里斯・帕克（Chris Parker）提供了優異的編輯與設計建議。

最後是我的家人。我的孩子安娜（Anna）和湯姆（Tom）給予我許多鼓勵。我最感謝的人是我的太太珍（Jane），她是一位很棒的廣告撰稿人，幫我決定本書的調性和大方向。

國家圖書館出版品預行編目（CIP）資料

自由選擇的錯覺：你以為自己選的，其實廠商已預判「你會選這個」。理解行銷學引用的16.5種心理偏見，你得到真正自由。／理查・尚頓（Richard Shotton）著；廖桓偉譯. -- 初版. -- 臺北市：大是文化有限公司，2024.01
272 面；14.8 × 21公分. --（Biz；446）
譯自：The Illusion of Choice: 16½ psychological biases that influence what we buy

ISBN 978-626-7377-32-1（平裝）

1. CST：消費者行為　2. CST：消費心理學
3. CST：行銷管理

496.34　　112017723

Biz 446

自由選擇的錯覺

你以為自己選的，其實廠商已預判「你會選這個」。理解行銷學引用的 16.5 種心理偏見，你得到真正自由。

作　　者／理查·尚頓（Richard Shotton）
譯　　者／廖桓偉
責任編輯／李芊芊
校對編輯／楊　皓
美術編輯／林彥君
副總編輯／顏惠君
總 編 輯／吳依瑋
發 行 人／徐仲秋
會計助理／李秀娟
會　　計／許鳳雪
版權主任／劉宗德
版權經理／郝麗珍
行銷企劃／徐千晴
業務專員／馬絮盈、留婉茹、邱宜婷
業務經理／林裕安
總 經 理／陳絜吾

出 版 者／大是文化有限公司
臺北市 100 衡陽路 7 號 8 樓
編輯部電話：（02）2375-7911
購書相關資訊請洽：（02）2375-7911 分機122
24小時讀者服務傳真：（02）2375-6999
讀者服務E-mail：dscsms28@gmail.com
郵政劃撥帳號：19983366　戶名：大是文化有限公司

法律顧問／永然聯合法律事務所
香港發行／豐達出版發行有限公司 Rich Publishing & Distribution Ltd
地址：香港柴灣永泰道70 號柴灣工業城第2 期1805 室
Unit 1805,Ph .2,Chai Wan Ind City,70 Wing Tai Rd,Chai Wan,Hong Kong
Tel：2172-6513　Fax：2172-4355
E-mail：cary@subseasy.com.hk

封面設計／卷里工作室@gery.rabbit.studio
內頁排版／陳相蓉
印　　刷／韋懋實業有限公司
出版日期／2024 年 1 月初版
定　　價／新臺幣 399 元（缺頁或裝訂錯誤的書，請寄回更換）
I S B N／978-626-7377-32-1（平裝）
電子書ISBN／9786267377383（PDF）
9786267377390（EPUB）
Printed in Taiwan